Karan Kamdar

M-CLE: Um ambiente de aprendizagem construtivista usando robôs criativos

Karan Kamdar

M-CLE: Um ambiente de aprendizagem construtivista usando robôs criativos

ScienciaScripts

Cover image: www.ingimage.com

This book is a translation from the original published under ISBN 978-3-659-89480-0.

Publisher:
Sciencia Scripts
is a trademark of
Dodo Books Indian Ocean Ltd. and OmniScriptum S.R.L publishing group

120 High Road, East Finchley, London, N2 9ED, United Kingdom
Str. Armeneasca 28/1, office 1, Chisinau MD-2012, Republic of Moldova, Europe
Managing Directors: Ieva Konstantinova, Victoria Ursu
info@omniscriptum.com

Printed at: see last page
ISBN: 978-620-8-56733-0

ÍNDICE

AGRADECIMENTOS

Simon Penny - Obrigado por todo o seu apoio, encorajamento e embelezamentos ao longo do meu tempo no ACE, particularmente nos momentos em que tive de me recompor e canalizar o melhor dos meus recursos, e por desenhar a barbatana de tubarão, que era muito estética mas crucialmente importante.

Kavita Philip - Obrigado pela vossa atenção pessoal, interesse e apoio ao meu trabalho no CEA e na UCI. O seu feedback sobre cada uma das minhas ideias de projeto tem sido essencial para a minha busca de excelência criativa.

Sven Bernecker - Obrigado por me encorajar a refletir profundamente sobre o meu trabalho e a prosseguir a minha busca da verdade superior.

O corpo docente e os apoiantes do ACE: Simon Penny, Robert Nideffer, Paul Dourish, Beatrix Da Costa e Tom Jennings - Obrigado por tornarem possível este maravilhoso programa, por apoiarem o meu trabalho a nível intelectual, financeiro e pessoal.

Os meus colegas do ACE: Addiel, Amy, Bruno, Byeong Sam, Luv, Marvin e Mark - Obrigado pela vossa amizade, encorajamento e críticas amáveis. Foi um verdadeiro privilégio aprender com cada um de vós.

A minha família: mãe, pai e irmã Manali - Todos vós merecem mais agradecimentos do que posso descrever. Obrigado por *tudo.*

RESUMO

O conhecimento como uma construção ativa através da incorporação: Implicações para a tecnologia

Por

Karan Kamdar

Universidade da Califórnia, Irvine

Professor Simon Penny

A tecnologia educativa sempre incluiu um discurso que liga a sua implementação às necessidades sentidas do mundo sócio-político e económico. No âmbito deste discurso, o campo do "design instrucional" tem estado enraizado numa epistemologia objetivista. O computador moderno é o produto de uma história rica de práticas de conceção "instrucional" baseadas na aquisição de factos e conceitos, que tiveram um impacto na forma como pensamos a aprendizagem humana. Embora a instrução direta seja necessária, as ideias "construtivistas" defendem que o conhecimento é ativamente construído. No entanto, as implementações destas ideias têm sido escassas e têm funcionado principalmente no âmbito de paradigmas de trabalho que favorecem o pensamento lógicomatemático, impondo sérias limitações às aplicações construtivistas. A minha tese é, portanto, defender que a aprendizagem é um processo ativo de criação de significado pessoal enraizado em experiências incorporadas, cujas implicações são concretizadas através de uma abordagem de design teoricamente informada que situa a tecnologia no ambiente do aluno e apoia a importância da criatividade e da aprendizagem através do design.

INTRODUÇÃO

Esta tese está dividida em cinco capítulos.

Capítulo 1 examina a construção histórica e sociocultural da tecnologia, na qual o papel da tecnologia tem sido visto como uma solução para as necessidades e interesses do mundo sociopolítico e económico. Estas necessidades e interesses, que têm sido principalmente orientados pela pedagogia científica de julgar o comportamento e estabelecer objectivos, têm favorecido largamente os princípios da "conceção instrutivista"[1] que vê o conhecimento como algo objetivo e independente da mente subjectiva. Consequentemente, a tecnologia educativa, enquanto objeto socialmente construído, tem assistido a uma predominância de implementações tecnológicas que valorizam a importância dos factos e conceitos adquiridos em detrimento da construção pessoal de significado.

C seu capítulo 2 explora as implicações desta construção social da tecnologia educativa, que tem sido sobretudo um ciclo de práticas tecnológicas metafóricas em que a mente humana é equiparada ao computador e a um modo de aprendizagem simbólico que alimenta a ideia de representação do conhecimento como codificação, forçando uma abordagem contemporânea do processamento da informação para a cognição. Além disso, a omnipresença das tecnologias educativas, sob a forma de tecnologias mediadas digitalmente, cria experiências de aprendizagem vicariantes e um ambiente simulado largamente baseado na interação, que reprime a criatividade ao impedir a experimentação prática, o conhecimento prático e os modos activos de aprendizagem.

Capítulo 3 examina duas abordagens ao design no terreno, cada uma das quais tem sido favorecida ou eclipsada pela construção social da tecnologia educativa. Argumenta-se que o domínio contínuo da abordagem [1]

A abordagem da conceção instrutivista não é correta, uma vez que continua a apoiar a

[1]A conceção instrutivista, tal como definida por [Mckenna, 2004], é um paradigma de conceção no âmbito da tecnologia educativa que incorpora ideias do behaviorismo, do objetivismo e do condicionamento operante.

tradição cognitivista objetivista da aprendizagem objetiva através dos sentidos e da avaliação quantitativa dos conhecimentos. [2]A "conceção construtivista" é uma abordagem alternativa que afirma que a aprendizagem é um processo ativo de construção pessoal significativa. Dada a predominância da prática do "design instrucional", o número de aplicações construtivistas tem sido muito reduzido. Além disso, estas aplicações têm sido mal interpretadas ou incapazes de traduzir adequadamente os princípios construtivistas na prática, uma vez que funcionam principalmente no âmbito do modelo de secretária, favorecendo o pensamento programado em detrimento de outros modos de pensamento importantes, como a criatividade. Apesar destas deficiências, a importância de micro-mudanças demonstráveis através da prática é sublinhada dado o otimismo dos avanços tecnológicos, a evolução de novos campos como a computação física e o sucesso de aplicações construtivistas como a linguagem de programação LOGO, que demonstraram formas novas e criativas de pensar sobre a mesma peça de tecnologia educativa.

Capítulo 4 O objetivo é então desenvolver uma abordagem de conceção alternativa, tendo em conta as insuficiências das aplicações construtivistas existentes. Teoricamente, baseia-se nos conceitos-chave extraídos do corpus teórico do construtivismo e da cognição incorporada, e integra os conceitos de criatividade e de aprendizagem pela conceção.

Capítulo 5 finalmente implementa esta abordagem de conceção num projeto demonstrável chamado M-CLE, que é um ambiente de aprendizagem construtivista incorporado no qual a tecnologia é implementada de forma a apoiar a construção ativa do conhecimento pela criança através das suas experiências de aprendizagem incorporadas.

[2]A conceção construtivista tem por objetivo fornecer conjuntos de ferramentas de construção mental generativa[26] integrados em ambientes de aprendizagem relevantes que facilitem a construção de conhecimentos pelos aprendentes.

CAPÍTULO 1

CONTEXTUALIZAÇÃO HISTÓRICA E SOCIOCULTURAL DO PAPEL DA TECNOLOGIA NA PRÁTICA EDUCATIVA

1.1 DEFINIÇÃO DO PROBLEMA

A história da tecnologia na educação sempre incluiu um discurso que liga a sua utilização na sala de aula às necessidades e interesses do mundo sócio-político e económico [12]. Estas necessidades e interesses têm sido principalmente orientados pela pedagogia científica, que consiste em julgar o comportamento e estabelecer um objetivo [35]. [34]O domínio das tecnologias educativas [1], enraizado nas ideologias behavioristas de condicionamento eficaz para um comportamento ótimo [55] e na conceção do organismo como uma "caixa vazia", tem sido, portanto, regido por uma visão do conhecimento que é objetiva e independente da mente subjectiva, uma visão em que os factos e os conceitos adquiridos suplantam a importância da construção pessoal do conhecimento [41].

A expressão "funil de Nuremberga", do poeta alemão Georg Philipp Harsdorffer, descreve corretamente esta tradição pedagógica de "imposição de conhecimentos" ao indivíduo. Nesta tradição, o papel da tecnologia tem sido social e historicamente incorporado numa visão do mundo que exige a produção eficiente, a disseminação e o controlo do conhecimento [35]. No contexto da educação, portanto, a tecnologia pode ser vista como uma forma cultural, um símbolo, que incorpora os interesses daqueles que a apoiam e a quem é dada uma presença equivalente à da qualidade, do progresso, da ciência, do nacionalismo e do futuro. A tecnologia educativa pode, portanto, ser vista como um objeto socialmente construído com objectivos pedagógicos pré-definidos.

A tecnologia educativa é a teoria e a prática da conceção, desenvolvimento, utilização, gestão e avaliação de processos e recursos para a aprendizagem.

[4]Um conceito que deliberadamente não tem em conta qualquer forma de vida mental, humana ou animal, e se limita apenas ao comportamento.

1.2 A TECNOLOGIA EDUCATIVA NO CONTEXTO DA REGULAMENTAÇÃO ESPAÇO ESCOLAR

A tecnologia educativa enquanto objeto socialmente construído pode ser melhor compreendida se considerarmos a sua realização em termos do espaço regulado da escola. A natureza e o papel da escola como espaço social regulado têm sido frequentemente citados na sequência do trabalho de Michel Foucault sobre as técnicas e tecnologias de regulação, vigilância e formação discursiva na modernidade[20].

Grosvenor, Lawn e Rousmaniere[22], por exemplo, falam da educação na cidade moderna como sendo "moldada e regulada" por meios tecnológicos, principalmente a tecnologia da escola, que compreende "um conjunto complexo de artefactos, actores e estruturas", bem como um conjunto de "princípios, procedimentos e processos socialmente construídos". Esta tecnologia foi concebida para "funcionar eficazmente" e para atingir o objetivo específico do controlo social. Grosvenor et al. também falam da escola como um espaço de confinamento que partilha "uma linguagem arquitetónica comum" com outras instituições modernistas, como a prisão e o asilo. Assim, a conceção de espaços regulados pode ser vista como central tanto para Foucault como para a expansão desta conceção em trabalhos mais recentes.

Steven Hodas[25] identifica as tecnologias educativas no espaço regulamentado da escola como um "modo de conhecimento aplicado a um objetivo específico", sendo o objetivo em questão preservar e transmitir informação e autoridade, e inculcar certos valores e práticas em detrimento de outros. Hodas descreve as tecnologias educativas mais precisamente como "conjuntos de práticas ligadas por valores". A escola, escreve, baseia-se em quatro valores institucionais e organizacionais fundamentais. São eles o "respeito pela hierarquia", a "individualização competitiva", a "recetividade à classificação e ao julgamento" e, acima de tudo, "a divisão do conhecimento do mundo em unidades e categorias discretas que podem ser dominadas". Hodas argumenta que, nos 150 anos ou mais que se seguiram ao início da escolarização obrigatória em massa nos países anglo-americanos modernos, a escola permaneceu "essencialmente inalterada" na sua forma e dedicou-se à transmissão de um "subconjunto bastante estável" de "todo o conhecimento possível e do leque da experiência humana".

Daniel Bell[5] faz eco da preocupação de Hodas com o seu ponto de vista de que "a tecnologia é uma forma de fazer as coisas de um modo reprodutível". Escreve que "os aspectos sobre os quais se pode encontrar um consenso alargado incluem disposições para valorizar o conhecimento proposicional (saber que) em detrimento do conhecimento processual ou performativo (saber como fazer), para considerar as relações hierárquicas como naturais, para aceitar a deferência em relação à perícia, para aceitar e conformar-se com a autoridade institucionalizada, etc. Estas caraterísticas revelam que as escolas são tecnologias sociais: mecanismos socialmente construídos, concebidos para produzir e reproduzir posições a partir das quais o mundo pode ser compreendido, de uma forma controlada, categorizada, proposta, desigualmente distribuída, etc.

[5]Com base na discussão anterior, a minha principal preocupação relativamente às tecnologias educativas no espaço regulamentado da escola é a inculcação de valores e práticas que se tornaram "sedimentados" no espaço escolar. Estes incluem o fluxo de ensino do professor como fonte autorizada de informação para o aluno como recetor passivo de informação, a predominância de uma posição objetivista sobre o conhecimento como sendo composto por unidades e categorias discretas que podem ser dominadas, e a responsabilização e os regimes de avaliação e classificação.

1.3 ORGANISMOS DE TECNOLOGIA EDUCATIVA

A fim de validar a discussão na secção anterior, é possível traçar claramente a cronologia da forma como as tecnologias educativas se estabeleceram no espaço regulamentado da escola. O behaviorismo, enquanto teoria psicológica da aprendizagem, estava bem posicionado no movimento de eficiência social do início do século XX, que assistiu a

[5][Alguns sedimentos, como as avaliações estandardizadas e a regulamentação rigorosa do tempo, consolidam-se, solidificam-se e desenvolvem-se, enquanto outros, como os saberes performativos, sofrem uma erosão progressiva.

conflitos sobre o controlo dos currículos escolares[35]. As escolas, tal como as sociedades, eram vistas como improdutivas, sem direção e propósito, perdendo tempo e necessitando de correção.

O trabalho empírico de Edward Thorndike[55], Sidney Pressey[43] e B.F Skinner[51], baseado no condicionamento efetivo do comportamento em resposta a estímulos ambientais, forneceu a tecnologia para o tipo de avaliação controlada e previsão do comportamento dos alunos que um currículo baseado numa doutrina de eficácia social exigia. Skinner[50] escreveu: "Há mais pessoas no mundo do que nunca, e muitas delas querem uma educação. A procura não pode ser satisfeita simplesmente construindo mais escolas e formando mais professores. A educação tem de se tornar mais eficaz".

[6]A importância do comentário de Skinner e o subsequente aparecimento de máquinas de ensinar [49] , instrução programada], instrução assistida por computador (CAI) [53], sistemas integrados de aprendizagem [ILS] [59] e os paradigmas de dissipação maciça de informação dos ambientes educativos actuais dominaram o cenário da tecnologia educativa. Na minha opinião, estes paradigmas estão enraizados numa visão objetivista e cognitivista do mundo, que aborda a construção da tecnologia dando prioridade à informação, aos factos e aos conceitos em detrimento da construção do conhecimento.

A máquina de ensinar e a sua encarnação atual sob a forma do computador são a encarnação de uma ciência da educação que construiu uma simbólica racionalizada e uma consciência da finalidade da educação[35]. O seu impacto continua a fazer-se sentir em agendas políticas como a *lei No Child Left Behind* [30].[7]

1.4 Resumo do capítulo

A tecnologia educativa, enquanto objeto socialmente construído, está enraizada em ideologias behavioristas e objectivistas que vêem o conhecimento como algo que existe

[6]As máquinas de ensino são dispositivos mecânicos utilizados para apresentar um programa de ensino que contribuiu para criar o movimento de ensino programado.

[7]O No Child Left Behind Act de 2001 implementa teorias de reforma do ensino baseadas em normas, partindo do princípio de que objectivos mensuráveis e normas de responsabilização para as escolas podem melhorar os resultados educativos individuais.

como um subconjunto bastante estável de toda a experiência humana, independente da mente subjectiva e composto por unidades e categorias discretas que são capazes de ser dominadas. A forma como as tecnologias educativas se instalaram no espaço regulamentado da escola levanta a questão de saber como esta instituição social fundamental continua a desenvolver-se com valores e práticas sedimentados, tais como a valorização do conhecimento proposicional em detrimento do conhecimento performativo. Dentro de uma visão aceite do professor como fonte de informação autorizada e de regimes de avaliação, a tecnologia tem sido vista como uma solução para problemas pré-definidos que abrangem uma paisagem sócio-política e histórica, uma solução que eclipsa as suas aplicações alternativas quando o conhecimento é visto como um ato de construção pessoal, o que me leva ao segundo capítulo sobre as consequências da construção social da tecnologia educativa.

CAPÍTULO 2

CONSEQUÊNCIAS DA CONSTRUÇÃO HISTÓRICA E SOCIOCULTURAL DAS TECNOLOGIAS EDUCATIVAS

2.1 O CICLO DA PRÁTICA TECNOLÓGICA METAFÓRICA

Para melhor compreender como as crenças estabelecidas sobre a tecnologia educativa conduzem a um ciclo de prática inquestionável nesta área, começarei esta secção introduzindo o termo 'ciclo de prática tecnológica metafórica'. Um ciclo de prática tecnológica metafórica ocorre quando, dada a adoção generalizada de alguma forma de tecnologia, como o computador moderno do nosso tempo, a ciência e a educação começam a ser praticadas de acordo com a lógica de uma metáfora, como "o computador é como um sujeito humano". Historicamente, a máquina de Turing constitui um exemplo na psicologia cognitiva. Após a receção popular da Máquina Universal de Turing (UTM) [24], instalou-se uma euforia, sugerindo que todas as coisas podem ser representadas em modelos informáticos. Desenvolvo a discussão sobre esta prática metafórica com a ajuda de várias citações.

Muffoletto e Knupfer[35] explicam como o modelo informático na educação se traduz numa visão em que os alunos começam a ser vistos como solucionadores de problemas e processadores de informação. "A mente existe para processar informação: a capacidade de um aluno para resolver problemas está diretamente relacionada com a forma como comunica de forma estruturada, que por sua vez se baseia na quantidade limitada de informação que recebe. Por sua vez, a receção da informação é vista como limitada pelas capacidades sensoriais limitadas, pela iniciativa, pela capacidade de processar a informação e pela qualidade da informação. A linguagem da aprendizagem e da reforma escolar é transformada num discurso que liga a psicologia do indivíduo ao funcionamento do computador. A linguagem da máquina torna-se a linguagem do pensamento e da razão humana".

Do mesmo modo, Kritt e Winegar[28] explicam como as teorias implícitas da mente humana, incorporadas no design tecnológico e na interface do utilizador, têm implicações para os tipos de pensadores que produzimos nas escolas: "Pode presumir-se que as metáforas da mente propagadas pela tecnologia cibernética influenciam a evolução do pensamento humano ao longo de uma dimensão unilinear. Os valores incorporados pela tecnologia informática reflectem os valores dominantes, as instituições e as hierarquias de poder da nossa sociedade. Na medida em que desviam as crianças da exploração direta do mundo físico e canalizam as interações comunicativas para formatos restritos, oferecem alternativas limitadas para a construção de uma compreensão do eu e do mundo."

Não há dúvida de que o modelo informático é uma forma de tecnologia que estabelece uma ligação estreita entre a informática e a psicologia cognitiva. As aplicações informáticas tendem a ser rigorosamente concebidas e circunscritas, de modo que o pensamento improvisado e a imaginação são apoiados nos termos da máquina e não da criança. Esta linha de argumentação é também evidente no trabalho de Anderson[2] sobre a aprendizagem assistida por computador, onde ele critica a aprendizagem assistida por computador por ter utilizado um modelo processual de como um problema deve ser resolvido e prescrições para erros comuns que orientam o processo de ensino e aprendizagem em vez do desenvolvimento da criança. "Um sistema deste tipo nem sempre consegue reconhecer uma abordagem diferente para a solução correta ou as concepções erradas mais criativas que uma criança traz para o problema, mas, em vez disso, orienta o aluno para formas prescritas de resolver o problema."

O que está em causa na aprendizagem assistida por computador não é tanto o conteúdo, mas a forma que a tecnologia assume. McLuhan[34] defendeu, de forma provocadora, que o conteúdo explícito e intencional de uma mensagem não é tão importante como o meio de comunicação, que serve para acentuar certas propriedades físicas e, por conseguinte, qualidades sensoriais. Na sua opinião, "a extensão de qualquer sentido altera a forma como pensamos e agimos - a forma como percepcionamos o mundo. Quando estas relações mudam, as pessoas mudam".

Com base nas ideias de McLuhan, a tecnologia educativa moderna tem considerado, em grande medida, o computador como o epicentro do pensamento e da aprendizagem humanos, legitimado pelo patrocínio do Estado e das empresas, bem como por modelos históricos incorporados nas práticas educativas contemporâneas[35]. Por outras palavras, a união entre a psicologia cognitiva e os processos de informação é autoritária, relegando para segundo plano os esforços para desenvolver discursos opostos sobre a tecnologia e o pensamento.

No entanto, o ponto fundamental que pretendo traçar é que, devido às práticas sociais que rodeiam a tecnologia educativa, a linguagem metafórica utilizada para explicar a relação entre a computação e a cognição é invertida - "o computador é como o sujeito humano" torna-se "o sujeito humano é como o computador", o que alimenta a investigação posterior e a gestão social do currículo que apoia tanto a inversão como o colapso desta descrição metafórica em significado literal na investigação educativa. Foi a isto que chamei o ciclo da prática tecnológica metafórica. No espírito de Foucault[21], uma tecnologia do 'eu' está envolvida na alquimia desta ciência que transforma o humano numa máquina. Esta prática tem implicações para a forma como entendemos a mente humana e a natureza do conhecimento, dados os códigos e formatos simbólicos incorporados nas tecnologias da computação e das telecomunicações, que passaram a mediar a consciência como mais do que meras ferramentas funcionais[28].

2.2 DOMÍNIO DO MODO DE APRENDIZAGEM SIMBÓLICO

2.2.1 REPRESENTAÇÃO COMO CODIFICAÇÃO

Tendo em conta o que foi discutido na secção anterior, centrar-me-ei agora nos pressupostos epistemológicos que sustentam os modos de aprendizagem simbólica mediados por computador. Bickhard[6] tem argumentado fortemente contra a ideia de representação como codificação. Escreve: "Os modelos padrão de representação como codificações do que é representado produzem modelos de conhecimento como bancos de tais codificações. A aprendizagem, neste sentido, é a transmissão de novas codificações para estes bancos de armazenamento da mente. A tecnologia pode, por conseguinte, ser uma ajuda eficaz para melhorar a acessibilidade e a transmissão destas representações codificadas - melhorando a aprendizagem tal como prevista neste modelo. No entanto, todos os componentes e passos desta estrutura estão errados, a começar pelas proposições centrais sobre a natureza da representação". Concordo com Bickhard - uma teoria da codificação é fatalmente incorrecta.

Em primeiro lugar, impõe uma abordagem contemporânea da cognição, baseada na computação, no conexionismo e no processamento da informação. Em segundo lugar, o papel da incorporação e da ação não é tido em conta na natureza da representação e, em terceiro lugar, a mente é vista como um recetor passivo de informação, em que o conhecimento é apenas um bem a ser transmitido, codificado e armazenado, sem que a experiência pessoal oriente a sua construção ativa. [8]Isto contrasta fortemente com os resultados mais recentes da investigação sobre a imitação[32][36], como os neurónios-espelho[47] e o corpus teórico da cognição incorporada[56][29], que sugerem que o conhecimento não pode ser separado do ato de ser. Além disso, o construtivismo, enquanto teoria da aprendizagem[41], opõe-se fortemente à ideia de que esta construção do conhecimento é independente da mente subjectiva. O "argumento da cópia"[40] de Piaget pode ser citado como um argumento contra a ideia de representação como codificação. Piaget escreve: "As nossas representações do mundo não poderiam ser constituídas como cópias desse mundo, porque já teríamos de saber como é o mundo para construir as nossas cópias dele. Por outras palavras, já teríamos de conhecer a luz para que as transduções na atividade neural nos fornecessem representações dessa luz, ou do mundo para construirmos as nossas representações do mundo a partir do qual a luz foi reflectida. Qualquer explicação deste género é circular". A tese principal de Piaget

[8]Um neurónio-espelho é um neurónio que é ativado tanto quando um animal age como quando observa a mesma ação a ser executada por outro animal. Trata-se de uma prova científica do acoplamento perceção-ação.

é que cada indivíduo constrói a realidade e que, para cada criança, essa construção é única. "O conhecimento deriva da ação, não no sentido de simples respostas associativas, mas num sentido muito mais profundo de assimilação da realidade na coordenação necessária e geral da ação. Conhecer um objeto é agir sobre ele e transformá-lo. A inteligência consiste em realizar e coordenar acções de forma interiorizada e reflectida"[41].

No entanto, a construção das nossas tecnologias digitais na era da informação respeita pouco a questão provocadora de Piaget: o conhecimento é uma cópia da realidade a codificar ou é uma construção única e individual? A sofisticação e a omnipresença das nossas máquinas modernas dão origem a uma visão do conhecimento que é proporcional à quantidade de informação adquirida. No ensino contemporâneo, parece haver um equívoco generalizado de que a aprendizagem é principalmente a aquisição de novas informações[28] e o papel da tecnologia é visto como facilitador de um processo de microdissecação de uma área de conhecimento em dezenas, centenas ou milhares de fragmentos de informação que são reunidos como um currículo. No entanto, a aquisição de informação por esses meios não é nem conhecimento nem sabedoria. Tanto o conhecimento como o mundo são construídos através da experiência pessoal. Dentro dos paradigmas aceites das tecnologias da informação actuais, precisamos, portanto, de repensar a ideia de conhecimento como bancos de informação codificada, de modo a que a tecnologia desempenhe um papel mais importante na construção do conhecimento individual, em vez de se limitar a distribuir informação.

2.2.2 EXPERIÊNCIAS DE APRENDIZAGEM VICARIANTE

Bruner[8][37] interessa-se pelas técnicas e tecnologias que ajudam os seres humanos em crescimento a representar de forma manejável as caraterísticas recorrentes do mundo complexo em que vivem. O autor observa que a principal mudança nos seres humanos durante a evolução da tecnologia tem sido a ligação a novos sistemas externos de implementação, em vez de uma mudança morfológica ostensiva, o que designa por "evolução por prótese". Bruner sugere que estes sistemas de "implementação", convencionalizados e transmitidos através da cultura, permitem aos seres humanos construir aquilo a que chama "modelos" do seu mundo através de três modos de representação - a. ação ou modo enactivo, b. imagens ou modo icónico e c. símbolos e linguagem ou modo simbólico. [9]O autor descreve os modos icónico e simbólico como Experiências de Aprendizagem Vicariante.

No contexto da tecnologia educativa, Bruner reconhece que a tecnologia desempenhou um papel dominante na alteração da dinâmica do "comércio com o ambiente" do organismo, substituindo o modo direto ou enactivo por formas mais mediadas de experiência. Observa que as alternativas simbólicas à aprendizagem, tais como palavras, diagramas, mapas, etc., substituíram mais rapidamente a experiência direta na educação formal. Defende que a espécie humana é marcada pela sua dependência da experiência codificada simbolicamente, de tal modo que a linguagem é vista como a caraterística humana definidora, e que o desenvolvimento da literacia em vários códigos simbólicos é a principal preocupação da educação formal.

Spencer[52] retoma o ponto de vista de Bruner, sugerindo que a principal limitação de todos os meios culturais é o facto de a informação ser transmitida através de um sistema simbólico que exige um elevado nível de literacia nesse meio. E o significado extraído destes sistemas simbólicos será limitado ao significado adquirido através da utilização do símbolo no mundo referencial ou experiencial. Por outras palavras, a principal limitação dos sistemas simbólicos é que nenhuma informação nova pode ser transmitida através destas formas; se a informação não for da competência do ouvinte, será interpretada de acordo com os conhecimentos que este já possui. O ponto essencial do argumento de Bruner é que o próprio facto de as representações da realidade serem parcialmente traduzíveis de uma pessoa para outra torna possível a instrução. Assim, a informação relevante para a ação pode ser adquirida por outros meios que não a ação direta - por exemplo, podemos aprender a navegar vendo filmes e lendo livros. Mas os sistemas simbólicos de aquisição de conhecimentos são vicários em relação a formas mais diretas

---

[9]As experiências de aprendizagem vicariante são secundárias. O modo enactivo é superior aos modos icónico e simbólico em termos das competências que desenvolve no aprendente.

de experiência enactiva.

[10]As ideias de Bruner sobre os modos de conhecimento simbólicos/activos podem ser comparadas com os conceitos piagetianos de conhecimento figurativo/operativo[41]. Segundo Piaget, o processo de aquisição de conhecimentos é incompleto sem o pensamento operatório, que é o produto das percepções (conhecimento figurativo) e da inteligência. Citando Piaget, "o pensamento operatório é a organização, consolidação e interação do conhecimento figurativo, e o desenvolvimento intelectual pode ser caracterizado como o crescimento do conhecimento operatório". As experiências de Piaget [41] sobre as memórias das crianças associadas ao agrupamento de cubos mostraram que a experiência direta é superior.

Assim, o principal argumento que retiro de Bruner e Piaget para efeitos desta tese é a importância do conhecimento disponibilizado ao indivíduo em resultado da experiência direta ou das relações com o ambiente, um argumento ao qual a implementação de tecnologias educativas deve ser sensível.

2.3 O IMPACTO DA MEDIAÇÃO DIGITAL NA EDUCAÇÃO TECNOLOGIAS

Com esta compreensão dos diferentes modos de aquisição de conhecimento e da prevalência do modo simbólico como a forma dominante favorecida pela construção sociocultural da tecnologia educativa, avalio agora o impacto das tecnologias educativas mediadas digitalmente no processo de aprendizagem do indivíduo. Tomando os conceitos piagetianos como ponto de partida para a minha discussão, considero o interesse de Piaget pelos métodos de aprendizagem audiovisuais como um ponto importante a focar.

[10]Os pensamentos figurativos são percepções, imitações, imagens mentais, aspectos do pensamento que ocorrem quando se percepcionam objectos externos ou imagens mentais.

2.3.1 EXPERIÊNCIA COMO SIMULAÇÃO

Piaget[41] reconhece que foi dada uma ênfase especial ao papel dos métodos audiovisuais. Utiliza o termo "intuitivo" para estes métodos de ensino e acusa os pedagogos bem intencionados de utilizarem estes meios e de acreditarem que atingiram o auge do progresso educativo, quando multiplicam as figurações intuitivas em formas que já não têm nada de activas. O autor refere igualmente a razão pela qual as formas activas de aprendizagem não foram suficientemente tidas em conta na prática educativa. Uma vez que se parte do princípio de que todas as vantagens dos métodos activos podem ser retiradas dos métodos intuitivos, estes são considerados equivalentes.

Penso que a permutabilidade dos métodos activos e intuitivos que Piaget sugere aqui só se torna evidente com a prevalência das tecnologias digitais avançadas de hoje, principalmente o computador de secretária. O mundo digital de hoje criou para nós uma experiência digital para viver, que tenta recriar todos os fenómenos físicos dentro das vastas capacidades do seu eu virtual. Cada vez mais, a experiência que as crianças têm do mundo natural está limitada a imagens num ecrã de computador[10].

Embora as enciclopédias multimédia, os sítios Web e os programas de simulação por computador permitam às crianças adquirir as informações necessárias e experimentar diferentes tipos de ambiente com um simples clique no rato, o modelo do computador como meio de aprendizagem é dominante. Em vez de ser moldada pela experiência direta, a perceção que as crianças têm do mundo natural é moldada pela tecnologia através da qual as suas experiências são mediadas. Por outras palavras, as suas experiências do mundo real são cada vez mais substituídas pela criação de uma realidade alternativa apresentada como instantaneamente acessível, controlável à vontade e representando tudo o que existe na natureza.

2.3.2 SUFOCAR A APRENDIZAGEM E A CRIATIVIDADE

Nos últimos anos, um número crescente de educadores e psicólogos tem manifestado a sua preocupação pelo facto de os computadores sufocarem a aprendizagem e a criatividade das crianças, envolvendo-as num consumo passivo de informação [45]. Atualmente, muitos computadores são utilizados desta forma nos estabelecimentos de ensino. Aaron Falbel[19] escreve sobre a utilização da tecnologia informática como parte de uma visão da educação como um processo concebido ou um ato técnico realizado sobre o aluno. Explicando a distinção ativo/passivo na aprendizagem baseada no computador, Falbel escreve: "Temos de ter cuidado para não cair na armadilha de dizer que as pessoas são 'activas' quando utilizam um computador, porque carregam em botões ou reagem de alguma forma aos acontecimentos no ecrã, ao passo que são 'passivas' quando vêem televisão, porque se limitam a vê-la". Esta utilização da palavra ativo ou atividade é bastante superficial; considera que a caraterística que define a atividade é o mero movimento e não a ação voluntária, intencional e reflexiva".

[11]Com efeito, o ambiente informático, enquanto meio, limita largamente o processo de "aprendizagem ativa". Além disso, o que as crianças aprendem num ambiente bidimensional simulado é descontextualizado da complexidade e da riqueza dos objectos, acontecimentos e ambientes do mundo real. A investigação demonstrou que a maior parte das melhores experiências de aprendizagem das crianças ocorre quando estas não se limitam a interagir com os materiais, mas os concebem, criam e inventam [38][45], por exemplo, construindo castelos de areia ou torres com blocos de madeira, onde têm um controlo tangível da realidade. Michael e Ann Eisenberg (2000) argumentam que "algo se perde com este distanciamento do físico - algo sensual e intelectualmente agradável na forma como as coisas se comportam". A aprendizagem das crianças deve, pois, ser orientada para o mundo que as rodeia, com as suas imagens, sons, cheiros, sabores e texturas. São estas experiências corporais de aprendizagem que são fundamentais para a sua criatividade. Por mais sofisticado que seja um computador, não pode oferecer este tipo de experiência sensorial.

No meio da nossa admiração pela tecnologia informática e pelas maravilhas da era eletrónica, esquecemo-nos de que a simples experiência da natureza é essencial para a

[11]A aprendizagem ativa é um termo genérico que se refere a vários modelos de ensino que colocam a responsabilidade da aprendizagem nos alunos.

vida criativa, intelectual e emocional das crianças. Muitos cientistas compreendem agora que a observação direta e a experiência prática desempenham um papel essencial no pensamento e no desenvolvimento global de uma criança. Edith Cobb[11], socióloga que analisou a vida de mais de 300 pessoas excepcionais, conclui que existe uma estreita ligação entre o génio e a experiência de proximidade com o mundo natural durante a infância. Cobb defende que a criatividade e o pensamento construtivo não são o resultado de uma acumulação de informação, mas derivam antes daquilo a que chama "uma plasticidade contínua da resposta de todo o organismo a novas informações e, em geral, ao mundo exterior".

Acredito que aquilo a que Cobb chama "*lógica estética como fundamento da intuição criativa da criança*" só pode ocorrer no ambiente da criança e que a tecnologia, se for devidamente apropriada, pode contribuir para este processo, situando-se no ambiente de aprendizagem da criança em vez de mediar a sua experiência através de imagens artificiais.

2.4 RESUMO DO CAPÍTULO

Para além das suas raízes nas ideologias behavioristas e objectivistas, a construção histórica e sociocultural da tecnologia educativa tem tido consequências muito mais profundas. A primeira delas é aquilo a que chamei o ciclo da prática tecnológica metafórica, em que a adoção generalizada de alguma forma de tecnologia, como o computador moderno, estabelece um ciclo de prática educativa que segue a lógica de uma metáfora como "o computador é como o sujeito humano". Esta prática tem implicações para a forma como entendemos a mente humana e a natureza do conhecimento, dados os códigos e formatos simbólicos incorporados na tecnologia que passam a mediar a consciência como mais do que meras ferramentas funcionais. A segunda consequência é a de um modo de aprendizagem simbólico, em que a ideia de representação do conhecimento como codificação impõe à cognição uma abordagem contemporânea do processamento da informação, favorecendo experiências de aprendizagem vicárias que não o modo enactivo. Finalmente, a terceira consequência é o impacto das tecnologias educativas mediadas digitalmente que submetem a experiência de aprendizagem a um ambiente simulado e resultam num modelo tecnológico que reprime a criatividade.

É importante compreender que a "tecnologia educativa" engloba uma série de abordagens de conceção que são coletivamente referidas como abordagens de "conceção instrucional", cada uma das quais tem sido favorecida ou eclipsada pela construção social da tecnologia educativa. Por isso, é necessário examiná-las mais de perto no próximo capítulo.

CAPÍTULO 3

ABORDAGENS DE CONCEÇÃO NO DOMÍNIO DAS TECNOLOGIAS EDUCATIVAS

3.1 A ABORDAGEM DE CONCEÇÃO INSTRUTIVA COMO TRADIÇÃO INTELECTUAL

A conceção da educação[1] e, na verdade, a educação em geral nos Estados Unidos, tem origem numa tradição objetivista[33]. O objetivismo considera que o mundo está completa e corretamente estruturado em termos de entidades, propriedades e relações. A experiência desempenha um papel insignificante na estruturação do mundo, enquanto o significado é algo que existe no mundo fora da experiência. Consequentemente, o objetivo da compreensão é saber que entidades, atributos e relações existem. Este pressuposto básico tem implicações significativas para o ensino, cujo objetivo é ajudar o aluno a adquirir essas entidades, atributos e relações, a fim de construir um conhecimento correto do mundo.

A abordagem instrutivista da conceção, com a sua integração do objetivismo, encontrou uma ressonância duradoura junto dos educadores[3]. É uma abordagem comprovada para a apropriação da tecnologia na prática educativa, uma vez que se presta facilmente a objectivos curriculares, resultados definidos e mensuráveis e teorias tradicionais de aprendizagem centradas no professor que reforçam a ideia de que o conhecimento é independente do aluno. [12]Esta abordagem coloca claramente a tónica da aprendizagem no fornecedor do conhecimento (ou seja, o professor) e vê a tecnologia como um simples meio de transmitir eficazmente essa informação, uma abordagem que conduz muito naturalmente a um formato de aula, a uma visão dualista do conhecimento e a uma experiência de aprendizagem passiva.

A conceção pedagógica é a prática de criar ferramentas de ensino e conteúdos para facilitar a aprendizagem da forma mais eficaz possível.

O papel da tecnologia numa abordagem instrutivista manifestou-se sob a forma de máquinas de ensino Skinnerianas, instrução programada, programas de treino e prática, instrução assistida por computador (CAI) baseada no trabalho de Alfred Bork [7] e Patrick Suppes [53] que enfatizava a memorização mecânica de factos e números, o modelo de Instrução Direta (ID), reforçado pela tecnologia [1], que dá ênfase a lições bem desenvolvidas e cuidadosamente planeadas, concebidas em torno de pequenas etapas de aprendizagem e tarefas de ensino claramente definidas e prescritas, software de aprendizagem instrutivista, como o Integrated Learning System [59] da Jostens Learning, [13]e o SuccessMaker, desenvolvido pela Suppes' Computer Curriculum Corporation (CCC), que se destinam a automatizar grande parte do currículo estabelecido e se caracterizam pela apresentação controlada de instruções verbais ou gráficas, de materiais didácticos preparados, como livros de texto electrónicos e apresentações em PowerPoint, ou de várias formas de multimédia, como texto eletrónico, são utilizados para apoiar o domínio de um determinado conceito, ou a tendência mais recente para a publicação em linha de notas curriculares e lições para o ensino à distância, em que a Web é vista como um meio para a transmissão do ensino.

Além disso, a epistemologia objetivista, segundo a qual o conhecimento é distinto do saber, permitiu que o processo de conceção instrutivista separasse a instrução do conteúdo instrucional[33], não sendo necessário que os conceptores de sistemas ou conteúdos instrucionais examinem as actividades instrucionais reais para saber o que está a ser aprendido. [14]A aprendizagem e a compreensão são vistas como consistindo simplesmente numa base de conhecimentos sob a forma de um modelo "especializado" (que, em termos tecnológicos, consiste em regras de produção, quadros, ranhuras, etc.). Por conseguinte, a aprendizagem consiste simplesmente na aquisição de quadros de informação ou de regras de produção. A compreensão de uma pessoa pode ser

[13]O SuccessMaker é um software baseado em normas que reforça conceitos e competências para satisfazer uma variedade de necessidades de ensino nas cinco componentes principais da leitura para alunos do jardim de infância até ao 8º ano.

[14]Mecanismo utilizado para explicar a organização do conhecimento em psicologia cognitiva. Uma regra de produção é construída a partir de duas proposições combinadas num par "condição-ação"

inteiramente especificada por estas descrições exógenas. Nesta perspetiva, os conceptores elaboram um teste separado do ensino e destinado a verificar objetivamente os conhecimentos adquiridos. O resultado é um processo de ensino fragmentado que ignora os princípios subjacentes à aprendizagem. Uma vez que a "conceção instrutivista" responde às necessidades de facilidade de utilização, de avaliação, de previsibilidade e de clareza estrutural, os sistemas instrutivistas são mais comuns e, por esta razão, são susceptíveis de serem mais amplamente aceites. Além disso, como os métodos de avaliação tendem a favorecer os princípios instrutivistas, há uma maior pressão para utilizar sistemas que moldem o ensino e permitam a sua medição quantitativa.

O principal resultado da "visão instrutivista" é que continua a dominar a nossa visão do conhecimento como distinto do processo de conhecer, conhecimento que é objetivamente adquirido através dos sentidos e em que a aprendizagem envolve a aquisição de verdades que podem ser avaliadas quantitativamente. A psicologia cognitiva objetivista, o modelo informático e a forma como este é utilizado no ambiente de aprendizagem continuam a influenciar significativamente a nossa perceção da natureza da aprendizagem e da mente humana. Há uma sensação de que algo está errado e precisa de mudar. Com isto em mente, analiso uma abordagem alternativa que evoluiu no âmbito da prática do Design Instrucional, para que possamos alargar o nosso espetro de como a tecnologia pode ser apropriada de forma mais positiva na prática pedagógica.

3.2 A ABORDAGEM CONSTRUTIVISTA COMO ALTERNATIVA ABORDAGEM TRADICIONAL

Não é que a abordagem da conceção pedagógica tenha evoluído de forma acrítica. Os teóricos e os profissionais no domínio da conceção pedagógica há muito que defendem [42] que o conhecimento e o mundo são ativamente construídos pelo aprendente e que a tecnologia deve ser vista como desempenhando um papel de andaime neste processo de aprendizagem, em vez de impor objetivamente factos e conhecimentos ao aprendente. Estas afirmações evoluíram no âmbito da 'visão construtivista' [33], que deriva principalmente do trabalho de Piaget, Bruner, Vygotsky e Papert. No entanto, as ideias subjacentes ao construtivismo remontam ao trabalho de Vico [58] (início do século XVIII), Jean Rousseau [48] e John Dewey, que é provavelmente o mais influente defensor do quadro educativo da memorização e da recitação e que argumentou que "a educação não é uma preparação para a vida, é a própria vida" [15].

Embora o construtivismo como teoria seja atribuído a Piaget, que articulou os mecanismos através dos quais os indivíduos constroem novos conhecimentos a partir das suas experiências, o construtivismo como prática de tecnologia pedagógica não evoluiu até ao trabalho de Robert Davis - *Socratic Interactions and Discovery Learning through PLATO (1950)* [13], influenciado pela abordagem *Discovery Learning* de Bruner [9], que enfatizava a exploração, experimentação, inquérito, questionamento e procura de respostas como parte de um processo de aprendizagem centrado no pensamento de ordem superior e na motivação intrínseca e não extrínseca.

Davis, que dava ênfase à experiência da criança, queria ensinar matemática às crianças num estilo que imitasse a experiência de um matemático. Viu nos computadores a possibilidade de orientar as crianças para a construção do seu próprio conhecimento, tirando partido da sua curiosidade natural e permitindo-lhes descobrir por si próprias as leis da matemática. Do mesmo modo, *o modelo de aprendizagem por inquérito de* Suchmann *(1962)[27]* foi influenciado pelos conceitos de Piaget[39] de aprendizagem construtiva, participação ativa e os conceitos de desequilíbrio pelos quais os alunos são internamente motivados para aprender. Este modelo foi concebido para ajudar os alunos a desenvolver as competências necessárias para colocar questões e procurar respostas com base na sua curiosidade.

Seymour Papert - *LOGO (1967)* [38] é provavelmente o mais citado dos adeptos da conceção construtivista, que via os computadores como uma ferramenta a ser controlada pelas crianças, com uma arquitetura aberta que permitiria às crianças construir o seu próprio conhecimento. Isto levou à invenção do LOGO, uma linguagem de programação que permitia às crianças construir o seu próprio conhecimento. [15]Com base no sucesso do LOGO original, o Microworlds foi concebido por Papert como um ambiente de aprendizagem. A Geometria da Tartaruga é um dos micromundos originais em que as crianças, como designers e exploradores, podem aprender sobre este ambiente e reestruturá-lo, ou mesmo acrescentar outro micromundo.

Hoje em dia, as práticas de conceção construtivista estão a evoluir sob a forma de *ambientes de aprendizagem construtivistas* baseados no computador *(CLE)* - Duffy, Cunningham, Jonassen [18] [17] - que começam a utilizar o computador em rede e a Internet como mais do que um simples meio de fornecer conteúdos educativos. Por exemplo, o WebQuest [16] é uma ferramenta de aprendizagem eletrónica baseada na investigação que apresenta a grupos de alunos uma tarefa exigente, dá acesso a uma grande variedade de recursos em linha e apoia o processo de aprendizagem para incentivar um pensamento de ordem superior. Os alunos são ligados a uma grande variedade de recursos Web, o que lhes permite explorar e compreender as questões levantadas pelo desafio.

3.3 AVALIAÇÃO CRÍTICA DA CONCEÇÃO PEDAGÓGICA ABORDAGENS

3.3.1 RECONHECIMENTO DO ENSINO DIRETO COM ÊNFASE NA CONSTRUÇÃO PESSOAL DO SIGNIFICADO.

Piaget[41] reconhece que a instrução direta e o trabalho imposto são uma parte necessária da educação, mas sublinha que os programas educativos devem "dar lugar à manipulação ativa e à descoberta pela própria criança". O que Piaget quer dizer com isto é que as estruturas operacionais básicas da inteligência não são adquiridas através da instrução, mas devem ser inventadas pela criança, uma vez que o objetivo da educação, segundo Piaget, é produzir indivíduos que sejam descobridores críticos, criativos e inventivos. Assim, uma grande parte da aprendizagem da criança baseia-se na

[15]Um micromundo é um termo criado pelo grupo "Learning and Common Sense" do MIT Media Lab. É literalmente um mundo minúsculo no qual um aluno pode explorar alternativas, testar hipóteses e descobrir factos que são verdadeiros sobre esse mundo.

experimentação e na descoberta.

Piaget compara os métodos activos e receptivos. No caso da presente tese, os métodos activos são sinónimos de princípios da "conceção construtivista", enquanto os métodos receptivos são sinónimos de princípios da "conceção instrutivista". Piaget descreve os métodos receptivos como métodos de ensino tradicionais, em que a criança é o destinatário passivo da informação transmitida pelo professor no local. O perigo destes métodos, segundo Piaget, reside no facto de não estarem adaptados às necessidades da criança. O perigo destes métodos, segundo Piaget, é o facto de os conhecimentos daí resultantes serem muitas vezes aprendidos de forma mecânica e não serem totalmente compreendidos. Por outras palavras, os métodos de ensino receptivos conduzem a uma predominância do conhecimento figurativo (conceito explicado na secção 2.2. que trata dos aspectos do pensamento relativos aos estados tal como aparecem nos sentidos) em vez do objetivo superior do conhecimento operacional. Os métodos receptivos colocam mais ênfase no papel criativo do adulto e, portanto, na transmissão de conhecimentos pelo professor, do que no papel construtivo da ação, o que leva a uma ênfase nas actividades da criança.

Em termos de "conceção instrutivista", a ênfase é colocada na memória, na prática e na aprendizagem mecânica, com uma preocupação com testes regulares e padrões académicos competitivos. A criança é essencialmente passiva e não se dá ênfase à expressão criativa. À luz desta discussão, poder-se-ia esperar que a "conceção construtivista" fosse favorecida pelos educadores. No entanto, tendo em conta o teor da discussão no Capítulo 1 sobre a construção sociocultural da tecnologia educativa, as realizações práticas desta conceção são raras. Como observam Herrington e Standen [3], "as ideias construtivistas podem ter sido adoptadas nos últimos anos, mas a influência do behaviorismo e da aprendizagem pela prática ainda é visível no software de aprendizagem".

3.3.2 INTERPRETAÇÃO INCORRECTA DOS PRINCÍPIOS DA "CONCEÇÃO CONSTRUTIVISTA

O que é mais importante notar é que as aplicações construtivistas que foram postas em prática ou interpretaram mal ou não traduziram corretamente os princípios construtivistas. Com efeito, o "design construtivo" enquanto prática não foi aplicado fora dos paradigmas adoptados pelo computador moderno, como o modelo de secretária e a sujeição da experiência à realidade artificial do ecrã, paradigmas que impõem sérias limitações às aplicações construtivistas. Além disso, esta prática só abordou o processo de aprendizagem ativa em termos de pensamento programado, resolução de problemas e processos de pensamento lógico-matemático iniciados pelo aprendente, como se pode ver no sistema PLATO de Davis, concebido para ensinar matemática às crianças emulando as experiências de um matemático, ou no LOGO de Papert, em que o aprendente pensa em termos de sequências programadas que controlam uma tartaruga que desenha gráficos no ecrã.

Este argumento sobre a inadequação da tradução de 'Constructivist

Os princípios do "design" são apoiados por Winkler e Reimann [44], que cito: "o construtivismo reduz-se principalmente a considerações sobre a teoria da cognição. Isto é óbvio quando analisamos os dispositivos de entrada dominantes do computador: o teclado e o rato. Os resultados das acções realizadas pelo utilizador através destes dispositivos são geralmente apresentados no ecrã. Mas o ecrã permite-nos experimentar o mundo como espectadores. O que vemos atrás do vidro do ecrã é uma alegoria do mundo e não algo que experimentamos no meio do mundo com os nossos corpos. Afinal, os dispositivos de entrada (teclados e ecrãs) são os descendentes dos meios analógicos e do mundo visto através do sistema cartesiano: a máquina de escrever com os códigos lineares da linguagem escrita e a imagem emoldurada de um mundo oposto".

3.3.3 NECESSIDADE DE SISTEMAS TECNOLÓGICOS QUE AJUDEM A ATINGIR OBJECTIVOS PESSOAIS **CONSTRUÇÃO**

O ponto principal que pretendo salientar é que, apesar do pequeno número de aplicações construtivistas atualmente disponíveis e das más interpretações dos princípios construtivistas, é necessário continuar a trabalhar na "conceção construtivista" a um nível micro. De facto, a tecnologia continuará a ser utilizada numa variedade de contextos educativos e existe a preocupação de que, a menos que haja uma micro-mudança através de uma prática demonstrável, a "conceção instrutivista" continuará a dominar o domínio da tecnologia educativa. [16]Estou otimista quanto à mudança nesta área, principalmente devido aos avanços tecnológicos e à emergência de novas áreas como a "Computação Física", em que aplicações que pertenciam ao domínio do mundo digital podem começar a migrar para o mundo físico, evocando novas dimensões criativas para a implementação de aplicações de "conceção construtivista". Este otimismo é também apoiado pelo facto de a linguagem de programação LOGO [38], os tijolos programáveis ou os Crickets [45] terem sido formas criativas de pensar a mesma peça de tecnologia educativa. Além disso, o projeto desta tese, tal como será discutido no capítulo 5, confirma o meu otimismo.

3.4 Resumo do capítulo

A abordagem da "conceção pedagógica", com a sua incorporação do objetivismo, tem tido uma ressonância duradoura junto dos educadores em particular. O domínio continuado da abordagem da "conceção pedagógica" não é correto, pois continua a apoiar a tradição objetivista cognitivista da aprendizagem objetiva através dos sentidos e da avaliação quantitativa dos conhecimentos.

Embora Piaget tenha considerado a instrução direta e o trabalho imposto como uma parte necessária da educação, a predominância da tradição da "conceção instrutivista" ofuscou as aplicações construtivistas. Além disso, a "conceção construtivista", que funciona com base no modelo de secretária, ainda não incorporou adequadamente os princípios construtivistas, como a aprendizagem ativa. Consequentemente, não tem havido uma abordagem no âmbito da conceção instrutiva que se baseie teoricamente no facto de a aprendizagem ser um processo de interação corporal com o ambiente.

[16]A computação física (ou incorporada), no seu sentido mais lato, envolve a construção de sistemas físicos interactivos utilizando software e hardware capazes de detetar e responder ao mundo analógico.

Além disso, o modo de pensar no processo de aprendizagem ativa que considero mais importante é o do pensamento criativo livre, por oposição ao pensamento programado. Por conseguinte, considero necessário abordar o problema da conceção pedagógica nestes termos, a fim de permitir uma consciência mais completa do que foi deixado de fora.

CAPÍTULO 4

ABORDAGEM À CONCEÇÃO DA TESE

4.1 ADOÇÃO DE UM MODELO DE CONCEÇÃO CONSTRUTIVA FUNDAMENTADA

Em "The Case for Grounded Learning Systems Design", Michael J. Hannafin observa que grande parte da prática da conceção pedagógica evoluiu como uma espécie de artesanato processual e de produção de media e não como um processo fundamentado [23]. Dado que os modelos derivados desta prática também reflectem uma concetualização subjacente do que significa aprender, compreender e instruir, é extremamente importante que os conceptores destes sistemas reflictam teoricamente sobre os pressupostos subjacentes aos seus sistemas que afectam o aprendente. Como afirmaram Bednar, Cunningham, Duffy e Perry[4], "uma conceção pedagógica eficaz só é possível se o conceptor tiver uma consciência reflexiva dos fundamentos teóricos da conceção. A conceção eficaz só é possível se o conceptor tiver uma consciência reflexiva dos fundamentos teóricos da conceção, resultando da aplicação deliberada de uma determinada teoria da aprendizagem".

Assim, Hannafin explica duas abordagens ao conceito de conceção de sistemas de aprendizagem fundamentados. A primeira é a *conceção instrucional fundamentada: um ambiente de aprendizagem dirigido* em que o papel do designer do sistema consiste em proporcionar ao aprendente um ambiente que o ajude a realizar várias tarefas, principalmente através da descodificação do significado estabelecido de vários objectos e acontecimentos. O segundo é o *Grounded Constructional Design: um ambiente de aprendizagem situado* em que os objectos e os acontecimentos não têm um significado absoluto. Em vez disso, o aprendente interpreta cada um deles e constrói um significado único com base na sua experiência individual e nas suas crenças evoluídas. A tarefa de conceção consiste, portanto, em proporcionar um contexto rico no qual o significado possa ser negociado e os modos de compreensão possam emergir e evoluir. Como defendi abordagens construtivistas da aprendizagem, adoptarei como ponto de partida a abordagem da conceção construtiva baseada na realidade.

4.2 CONCEITOS TEÓRICOS QUE ORIENTAM A ABORDAGEM DE CONCEÇÃO

Os conceitos teóricos que orientam a minha abordagem à conceção são retirados de duas teorias de investigação interdisciplinares que, na minha opinião, têm mais em comum do que quando consideradas isoladamente. Uma é mais uma teoria da aprendizagem chamada *Construtivismo* [18] e a outra é mais uma teoria da cognição chamada *Cognição Incorporada* [56] [29]. No entanto, ambas encaram a natureza do conhecimento como essencialmente ativa e complementam-se no sentido em que, enquanto o construtivismo não desenvolve a componente "ativa" do conhecimento, a cognição incorporada pode ser vista como completando o quadro, estando esta atividade enraizada na incorporação e nas experiências sensório-motoras do aprendente. Discuto agora os conceitos-chave de cada um destes corpos teóricos e a importância do pensamento criativo e da aprendizagem através da conceção, que acabarão por ser utilizados para formar uma abordagem de conceção para o projeto de tese demonstrável conhecido como M-CLE, que é um ambiente de aprendizagem construtivista incorporado.

4.2.1 CONCEITOS CONSTRUTIVISTAS DE ASSIMILAÇÃO E ACOMODAÇÃO

De acordo com as ideias construtivistas de Piaget[41], o conhecimento não existe fora do indivíduo, à espera de ser adquirido. Também não está inteiramente pré-formado dentro do indivíduo e pronto a emergir à medida que se desenvolve. Pelo contrário, o conhecimento é inventado e reinventado à medida que o indivíduo se desenvolve e interage com o ambiente que o rodeia. Para Piaget, a aprendizagem é um processo de adaptação que ocorre através dos processos complementares de assimilação e acomodação, impulsionados pelo desequilíbrio. Na assimilação, a criança transforma todos os objectos do seu ambiente num objeto que se adapta às suas próprias estruturas mentais; por outras palavras, a assimilação é o processo de transformar o mundo para satisfazer as necessidades ou concepções do indivíduo. A adaptação, por outro lado, consiste em modificar algumas das estruturas mentais da criança para responder às exigências do meio. Por exemplo, uma criança pequena que estuda o seu ambiente imediato, agarra-o, suga-o, explora-o, sonda-o e absorve-o, assimilando assim as suas experiências. Mas também encontra oportunidades no ambiente que a obrigam a adaptar-se a condições novas e em mudança, de modo que os padrões de comportamento pré-existentes são modificados para lidar com novas informações ou feedback de situações externas.

Relativamente a estes conceitos, gostaria de salientar uma diferença importante entre as abordagens "instrutivista" e "construtivista". Se a assimilação e a adaptação forem entendidas em termos da "conceção instrutivista", podemos deduzir que estes dois processos são disjuntos, ou seja, que a adaptação das estruturas mentais da criança está descontextualizada da sua transformação ou assimilação do mundo. Em contrapartida, segundo a "conceção construtivista", estes dois processos são considerados estritamente complementares, ou seja, um baseia-se no outro. A dinâmica de assimilação e adaptação cria um estado de desequilíbrio que estimula o crescimento intelectual da criança.

4.2.2 CONCEITOS DE COGNIÇÃO INCORPORADA

De acordo com os conceitos de cognição incorporada, é impossível separar a construção do conhecimento do ato de ser. Construímos ativamente o conhecimento através das nossas capacidades percetivo-motoras e das nossas interações dinâmicas com o ambiente, por outras palavras, a cognição é construtiva. Varela, Thompson e Rosch[57] argumentam longamente que "a cor fornece um paradigma de um domínio cognitivo que não é dado de antemão nem representado, mas antes experimentado e actuado". Mais especificamente, defendem que a nossa capacidade de ver cores resulta da interação ativa de várias modalidades sensório-motoras. Por outras palavras, construímos conhecimento através das nossas encarnações únicas, cujas capacidades são, por sua vez, moldadas por estas interações. Lakoff e Johnson[29] defendem que a cognição é construtiva porque envolve a projeção de padrões corporais e a combinação desses padrões para criar uma compreensão metafórica do mundo.

O conhecimento deve, portanto, ser considerado em termos da evolução das nossas representações sensório-motoras, em vez de restringir essas representações a um conjunto fixo de capacidades perceptivas. Os teóricos da cognição incorporada defendem que o pensamento resulta da capacidade de um organismo agir sobre o seu ambiente. Mais especificamente, isto significa que, quando um organismo aprende a controlar os seus próprios movimentos e a realizar determinadas acções, desenvolve uma compreensão das suas próprias capacidades perceptivas e motoras básicas, o que constitui um primeiro passo essencial para a aquisição de processos cognitivos mais complexos, como a linguagem. O trabalho dos psicólogos do desenvolvimento Thelen e Smith[54], que utilizaram os princípios da cognição incorporada para compreender como os bebés aprendem com os movimentos do seu corpo, tem sido muito útil neste domínio. Os seus resultados empíricos confirmam que "o pensamento surge da ação e que a atividade é o motor da mudança". Tendo em conta o que precede, o importante papel da incorporação não pode ser negligenciado no processo de aprendizagem ativa da criança.

4.2.3 CONCEITOS DE CRIATIVIDADE E DE APRENDIZAGEM ATRAVÉS DA CONCEÇÃO

Uma das principais linhas de argumentação que é fundamental para o desenvolvimento da minha abordagem teórica é a importância de utilizar a tecnologia para melhorar os processos de pensamento criativo das crianças. Se defendo a criatividade, não é apenas porque existem muitas outras aplicações que apoiam o pensamento programado, como o LOGO, mas porque esta importante forma de pensar ainda não foi devidamente tida em conta pelas aplicações tecnológicas. Na resolução e análise de problemas, os problemas são pré-definidos e a tarefa é decompô-los em subproblemas mais simples, normalmente utilizando regras formalizadas.

Em contrapartida, os objectivos das actividades de desenho são geralmente livres, o que significa que a definição do problema faz parte do trabalho do aluno. É quando os objectivos do problema não estão completamente definidos que as crianças podem imaginar o que querem criar, brincar com as suas criações e refletir sobre as suas experiências - todos elementos essenciais para imaginar novas ideias e criações. Ao passar por este processo repetidamente, as crianças aprendem a construir as suas próprias ideias, a experimentá-las, a testar os limites, a experimentar alternativas e a gerar novas ideias com base nas suas experiências.

Este pensamento criativo livre, facilitado pela conceção, é importante em quase todos os domínios da atividade humana: na arquitetura, na escrita ou na gestão, o pensamento criativo é essencial. Esta linha de argumentação é coerente com a conceção de Resnick de uma sociedade criativa[46] em que o sucesso não se baseia apenas no que se sabe ou no quanto se sabe, mas na capacidade de pensar e agir de forma criativa. Escreve: "Dado o papel central do design na atividade humana, seria de esperar que o design desempenhasse um papel importante na sala de aula. Mas não é esse o caso. Na opinião de muitos educadores, a natureza não estruturada das actividades de conceção torna-as inadequadas para a sala de aula. Queixam-se de que as actividades de conceção são difíceis de "gerir" e avaliar. Como resultado, os alunos raramente têm a oportunidade de projetar, construir, criar, inventar".

O conceito de pensamento lateral de Edward Bono[14] confirma a importância da criatividade. Escreve: "Na lógica, começa-se com certos ingredientes, tal como no xadrez se começa com certas peças. Mas quais são essas peças? Na maioria das situações da vida real, as peças não são dadas, apenas assumimos que estão lá. O pensamento lateral não consiste em jogar com as peças existentes, mas sim em tentar mudar essas mesmas peças". Tendo em conta o que precede e a inadequação dos sistemas que abordaram esta importante forma de pensar, faço do pensamento criativo e da aprendizagem através da conceção o terceiro conceito central na minha abordagem à conceção.

4.3 ABORDAGEM À CONCEÇÃO DE UM AMBIENTE DE APRENDIZAGEM

i. APRENDIZAGEM ATIVA E INCORPORAÇÃO

A abordagem de conceção deve considerar a criança como um aprendiz ativo. As principais condições para este processo de aprendizagem ativa são permitir que a atividade se baseie na incorporação da criança, por oposição a processos puramente mentais, e permitir que a criança crie algo no processo de aprendizagem, por oposição a uma simples interação. Além disso, esta criação deve ter um significado pessoal para a criança e encorajar a reflexividade sobre o seu próprio papel no processo de construção do conhecimento. Os objectos e os componentes da atividade devem ter um teto elevado para manter o entusiasmo da criança no processo de aprendizagem, e as representações sensório-motoras da criança devem evoluir de acordo com o seu sentido visual-tátil do mundo.

ii. AMBIENTE E EXPERIÊNCIA

Tal como referido no capítulo 2, a abordagem de conceção não deve fazer da realidade artificial baseada no ecrã a experiência sensorial dominante. Em vez disso, deve permitir uma experiência de aprendizagem multi-sensorial rica no ambiente físico de aprendizagem da criança. A tecnologia deve ser integrada neste ambiente.

iii. LIÇÕES APRENDIDAS

A abordagem de conceção não deve impor factos e conceitos ao aprendente. O foco da aula não deve ser binário, mas sim envolver o aluno num processo rico através do qual o significado e a compreensão podem emergir e evoluir. Para que este significado e esta compreensão evoluam, a abordagem de conceção deve permitir que as partes sejam vistas em termos do todo, o que permite estabelecer novas relações entre as partes para formar novos conjuntos. A abordagem deve tentar tornar claro que estas partes, todo e relações podem ter significados diferentes em contextos diferentes.

iv. Formas de pensar e andaimes tecnológicos

A abordagem de conceção deve incentivar os processos de pensamento de ordem superior da criança, como a criatividade, cujas principais condições são permitir o pensamento lateral, por oposição ao pensamento programado, e oferecer múltiplas perspectivas que desafiem a concetualização do mundo por parte do aprendente. Uma vez que, segundo Piaget, a aprendizagem envolve os processos complementares de assimilação e acomodação, a criança deve poder impor as suas estruturas cognitivas existentes através da assimilação. Ao mesmo tempo, a tarefa de conceção deve fornecer estímulos para que a criança integre novas informações. O suporte tecnológico em termos de perspectivas e estímulos múltiplos deve basear-se nas construções anteriores da criança.

v. Contexto e transferibilidade

A aprendizagem deve ter lugar num contexto pessoal significativo. As lições aprendidas num determinado contexto devem ser transferíveis para o maior número possível de contextos diferentes, e esta transferibilidade deve permitir novas formas de construir conhecimentos e interpretar experiências.

4.4 Resumo do capítulo

Neste capítulo, desenvolvi uma abordagem teórica do design baseada em conceitos retirados dos dois corpos teóricos do construtivismo e da cognição incorporada. Os principais conceitos extraídos do primeiro são os dois processos complementares de assimilação e acomodação, cuja dinâmica conduz a um estado de desequilíbrio que favorece o crescimento intelectual da criança. Os conceitos extraídos do segundo são o papel importante da incorporação e das representações sensório-motoras na construção do conhecimento através de interações dinâmicas com o ambiente.

Um argumento importante que orienta a minha abordagem ao design é a necessidade de sistemas tecnológicos que estimulem a criatividade das crianças. As actividades de design que permitem esse pensamento são incorporadas na abordagem de design para que, através do processo ativo de imaginar o que querem criar, brincar com as suas criações e refletir sobre as suas experiências, as crianças desenvolvam a capacidade de imaginar novas ideias e criações. A abordagem de conceção da tese, baseada nos conceitos acima referidos, orienta então a implementação de um ambiente de aprendizagem construtivista incorporado, conhecido como M-CLE, que é o tema do próximo capítulo.

CAPÍTULO 5

M-CLE : O CONSTRUTIVISMO ENCARNADO AMBIENTE DE APRENDIZAGEM

5.1 VISÃO GERAL DO AMBIENTE DE APRENDIZAGEM

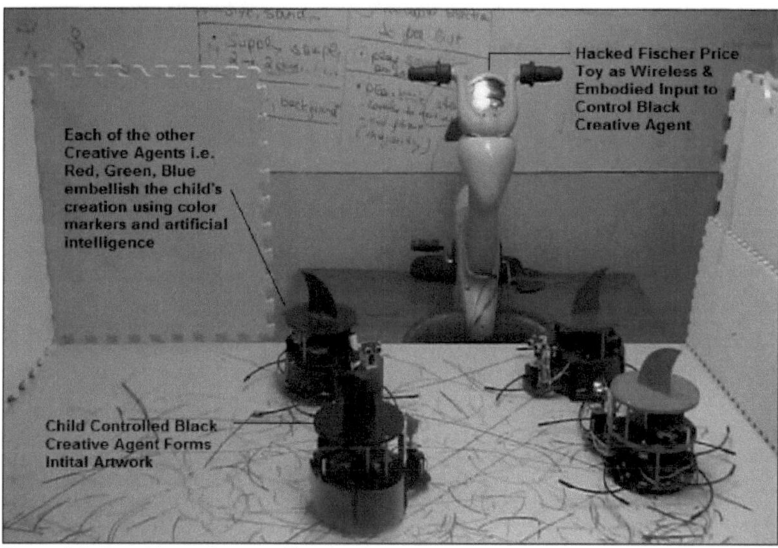

Figura 5.1: O ambiente de aprendizagem

O M-CLE é um ambiente de aprendizagem construtivista incorporado, baseado em três conceitos-chave formulados na secção anterior:

a. Aprender através da assimilação e da adaptação

b. Aprender através da incorporação

c. Aprender desde a conceção

5.2 Interação com o utilizador

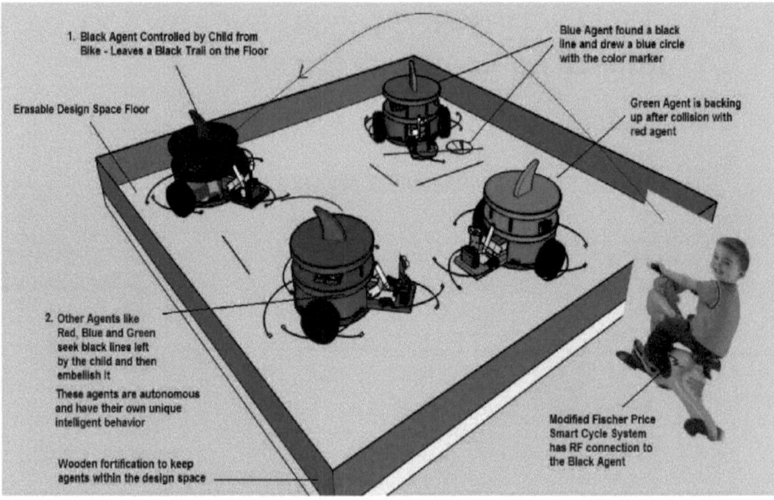

Figura 5.2: Interação com o utilizador

A interação do utilizador no M-CLE é conseguida utilizando os seguintes componentes:

a] Uma forma divertida de dar um contributo concreto para o sistema sob a forma de uma bicicleta de brincar.

b] Quatro robots ou agentes criativos em preto, vermelho, verde e azul.

c] Um espaço de conceção apagável e uma fortificação em torno desse espaço.

As principais etapas desta interação com o utilizador são as seguintes

1] Uma criança que utiliza uma bicicleta de brincar modificada controla o agente criativo preto. Este agente deixa um rasto preto no espaço de desenho para ajudar a concretizar as ideias da criança.

2] Assim que o agente preto é ativado, a tarefa dos outros três agentes criativos é utilizar a inteligência artificial para embelezar a criatividade da criança através de um desenho de forma livre. A bicicleta e o agente preto permitem assim que a criança imponha as suas criações, ou seja, que as assimile, enquanto os outros agentes criativos a ajudam a integrar novas informações, apoiando assim o seu processo de aprendizagem.

5.3 Atividade

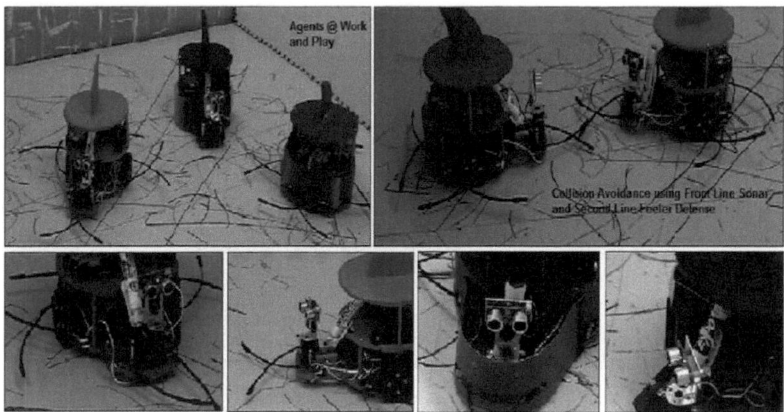

Figura 5.3: Agentes a trabalhar e a divertir-se

O projeto começa com a criança a enviar ao agente criativo negro dados relativos à direção e à aceleração da bicicleta de brincar. Estes dados permitem ao agente negro navegar no espaço de desenho e produzir o que a criança lhe pede para desenhar. Este agente deixa no chão uma marca preta apagável do trabalho da criança. Assim que este agente é ativado, os outros três agentes começam a procurar um traço preto no espaço de desenho. Assim que uma área com esse traço é encontrada, os agentes utilizam autonomamente a sua inteligência artificial para criar novos padrões à volta desse traço. O que os agentes criam inclui uma certa percentagem de comportamento livre e aleatório, porque a sua função principal é considerar a criança como o construtor ativo do seu conhecimento, dando novas direcções ao que ela criou - por outras palavras, embelezando as suas criações.

As funções secundárias destes agentes são a prevenção de colisões e a reorientação de trajectórias, de modo a não perturbar continuamente a atividade de outros agentes e, assim, manter a saúde do enxame no seu melhor nível criativo. À medida que os agentes

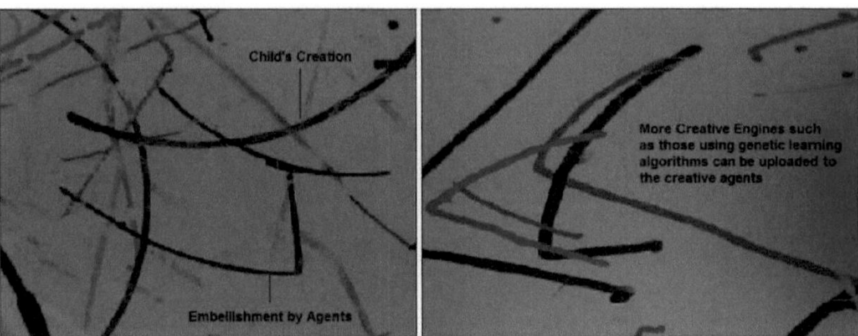

Figura 5.4: Enfeites criativos emergentes

Se a criança atuar dentro do espaço de desenho, começam a ser feitas obras de arte emergentes e começa a estabelecer-se uma dinâmica interessante de criatividade através do trabalho e do jogo entre a criança e os agentes autónomos. Exemplos desta emergência são mostrados na Figura 5.4, onde os agentes optaram por desenhar barbatanas de tubarão à volta das curvas pretas deixadas pelo agente da criança. A importância desta emergência é, portanto, o ponto forte do meu projeto, uma vez que esta obra de arte colaborativa assistida por IA pode ter diferentes interpretações para a criança, expandindo continuamente o repertório do que ela poderia construir ativamente com as suas próprias realizações artísticas.

Foi dado aos agentes um repertório preliminar de inteligência criativa, como a procura de um rasto negro e a seleção de uma ação de desenho aleatória proporcional à distância percorrida pelo agente numa das várias direcções de navegação, por exemplo, os arcos implicam um movimento para a esquerda e para a direita, enquanto as barbatanas de tubarão implicam um movimento para a frente, para a direita, para a esquerda e para trás. Como os agentes também são sem fios, a inteligência que os orienta pode ser descarregada diretamente de um local ou de um local remoto. Por conseguinte, o projeto constitui uma boa plataforma experimental onde formas mais sofisticadas de inteligência artificial emergente, como as que envolvem algoritmos de aprendizagem genética, podem ser disponibilizadas aos agentes por terceiros, como um estudante investigador.

5.4 DESCRIÇÃO TÉCNICA

5.4.1 O AGENTE CRIADOR

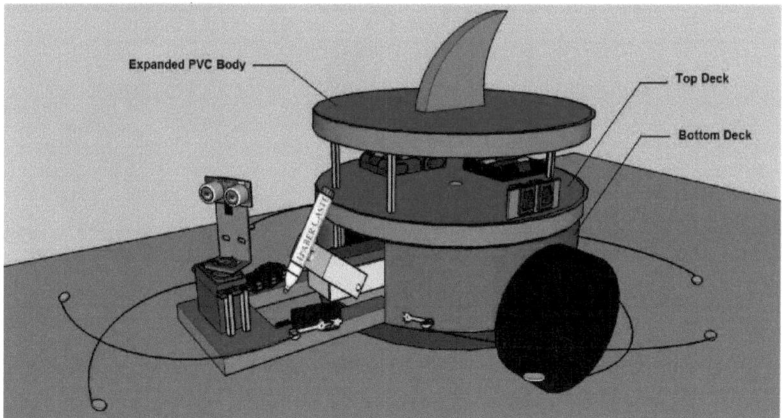

Figura 5.5: O agente criativo

O Creative Agent é um robô guiado externamente ou autónomo que utiliza um circuito ATMEGA168 RF personalizado. Fabricado em PVC expandido, está equipado com um sensor ultrassónico e sondas de borracha para evitar colisões e redirecionar a trajetória, um sensor IR frontal para detetar linhas e três servomotores - um para o marcador colorido que permite ao agente desenhar e dois para o impulsionar. O microcontrolador e os servomotores são alimentados por uma fonte de alimentação diferenciada de 5V/6V. Cada um destes componentes está dividido em duas fases - a fase inferior (que contém os sensores, os actuadores e o microcontrolador) e a fase superior (que contém a fonte de alimentação para a fase inferior). Isto foi feito para facilitar o processo de depuração, de modo a que qualquer falha do agente possa ser atribuída a qualquer uma das duas fases. A fase superior está alojada por cima da fase inferior, utilizando espaçadores hexagonais, e tem ligações com fios para ligar aos pinos de alimentação do microcontrolador.

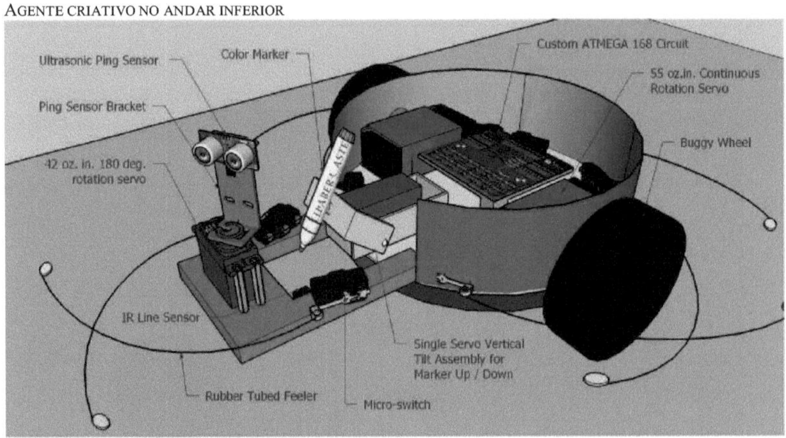

Figura 5.6: Ponte inferior do agente criativo

O andar inferior do agente de criação é constituído pelos seguintes elementos:

1. *Conjunto de sensor ping servo-acionado:* O sensor ping Parallax é um sensor ultrassónico que fornece um método fácil e barato de medição de distâncias. Um impulso recorrente é transmitido pelo sensor e a distância ao alvo é determinada medindo o tempo necessário para o eco regressar. A saída do sensor PING é um impulso de largura variável que corresponde à distância ao alvo e está disponível em formato digital. O sensor está alojado num suporte metálico ligado a um servo de 180 graus. O servo pode fazer o varrimento de objectos de campo próximo de 0 a 180 graus e é enviado um impulso de ping por cada incremento (varrimento da esquerda para a direita) ou decremento (varrimento da direita para a esquerda) de 20 graus. O resultado do ping que fornece a direção mais clara é registado em termos de posição do servo que é

multiplicado por um determinado fator de correção enviado para os servos de rotação primários do agente. Este processo de varrimento, deteção de colisões e correção da direção do movimento está ativo durante toda a vida do agente.

2. *Sensor de linha* de infravermelhos: O sensor de linha de infravermelhos (IR) é um sensor refletor digital com um único detetor de linha, disponível comercialmente na Lynxmotion. O sensor fornece uma tensão alta ou baixa estável compatível com TTL, consoante a cor da superfície sobre a qual está posicionado. Quando o sensor é posicionado sobre uma superfície preta ou escura, ou se não houver nada para a luz refletir, a saída é BAIXA. Quando o sensor é posicionado sobre uma superfície branca ou clara, a saída é ALTA. Este sensor é utilizado pelo agente criativo para detetar o traço preto deixado pelo agente da criança, para que possa criar os seus enfeites em torno deste traço.

3. *Conjunto do marcador a cores servo-controlado:* Este conjunto é montado na parte da frente do agente, antes do conjunto do sensor de ping. É constituído por um servomotor de rotação contínua que roda para a frente ou para trás. Quando o servo roda para a frente, o marcador move-se para baixo, enquanto que quando o servo roda para trás, o marcador move-se para cima. O marcador é bloqueado pelo convés superior e pelo solo para permanecer em cada uma das posições desejadas.

4. *8 microinterruptores e tubos de borracha como sondas:* O agente utiliza uma série de 8 microinterruptores e tubos de borracha como sondas para proteção secundária em caso de falha do sensor ping. Estes microinterruptores são instalados dois em cada direção: N/S/W/E. O tamanho dos tubos e a localização dos interruptores são tais que contribuem tanto quanto possível para cobrir o espaço de 360 graus à volta do agente. Estes sensores estão disponíveis como conjuntos de interruptores de para-choques na Lynxmotion.

5. *55 oz.in. Servos e rodas de rotação contínua:* As rodas motrizes principais são acionadas por dois servos de rotação contínua de 55 oz.in. que recebem uma combinação de sinais de direção para a frente e para trás do microcontrolador para se moverem para a frente, para trás, para a esquerda ou para a direita.

6. *Circuito personalizado baseado no ATMEGA168:* O circuito personalizado ATMEGA168 contém o microcontrolador ATMEGA168 e está equipado com uma frequência de rádio para comunicar com a bicicleta de brincar e outros agentes. Este circuito é explicado numa sub-secção separada.

AGENTE CRIATIVO NO ANDAR SUPERIOR

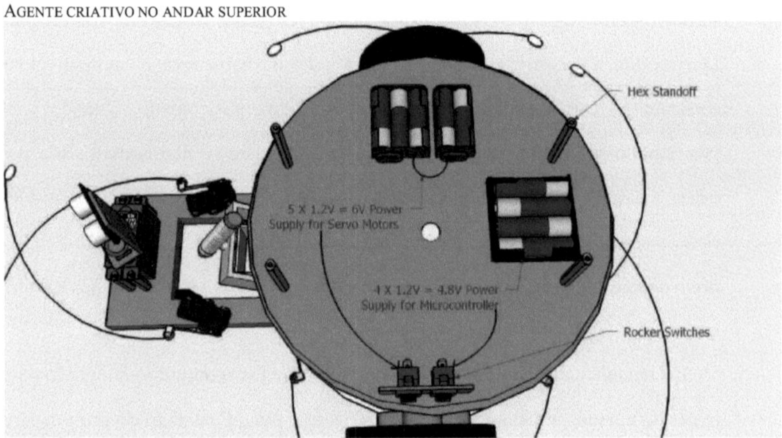

Figura 5.7: Ponte superior do agente criativo

O convés superior do agente criativo contém a fonte de alimentação diferenciada necessária para o funcionamento do agente. Esta consiste em pilhas e interruptores selectores. = = Um conjunto de pilhas AA, ou seja, 4 X 1,2V 4,8V, alimenta o microcontrolador e os sensores, enquanto o segundo conjunto de pilhas, ou seja, 5 X 1,2V 6V, alimenta os actuadores do agente, ou seja, os servos. Para obter 6V, foram ligados em série dois tipos de suporte de pilhas - um com capacidade para 3 pilhas e outro com capacidade para duas pilhas. Foram utilizadas pilhas Ni-MH recarregáveis de 2900 mAH para os testes repetitivos de baixo custo do projeto. Os suportes das pilhas são fixados com velcro à superfície da ponte. Estão disponíveis duas ligações de saída no convés superior, uma para 4,8 V e outra para 6 V, que se ligam aos pinos de alimentação do circuito do controlador. Foram utilizados interruptores de alternância esteticamente agradáveis para ativar/desativar a fonte de alimentação. O terminal negativo de ambos os suportes de pilhas está ligado à terra, enquanto o terminal positivo de cada um está ligado a um dos fios dos interruptores correspondentes. A outra extremidade de cada interrutor é ligada aos pinos de alimentação do circuito de controlo.

CIRCUITO PERSONALIZADO BASEADO NO ATMEGA168

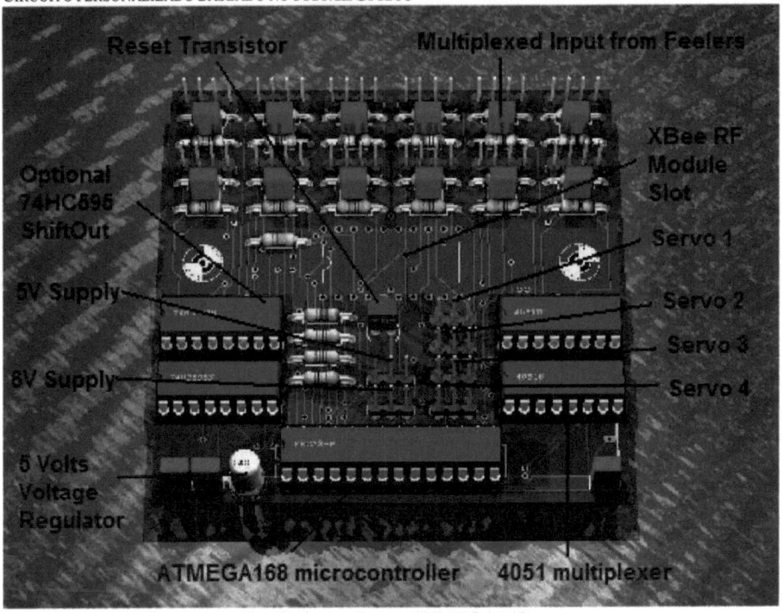

Figura 5.8: Circuito personalizado baseado no ATMEGA168

O circuito personalizado utiliza um microcontrolador ATMEGA168 que tem 16K bytes de memória de programa Flash e funciona a cerca de 5V. Foi concebido com o software Eagle PCB. Tem uma interface de microcontrolador para o módulo XBee RF, que é um módulo de rede ponto-a-multiponto/peer-to-peer económico. Este módulo é utilizado para programar sem fios o ATMEGA utilizando um transístor (que coloca momentaneamente o pino de reset do controlador na terra), bem como para comunicar com outros agentes. Estão disponíveis pinos de alimentação e 4 ligações para servos. Dois multiplexadores 4051 ampliam os pinos de entrada disponíveis no ATMEGA para ler dados de sensores de microinterruptores. Dois registos ShiftOut 74HC595 opcionais estão disponíveis para aumentar os pinos de saída. Um regulador de tensão fornece uma tensão constante de 5V ao circuito.

EXPLICAÇÃO DA ESTRUTURA DO CÓDIGO

O código do programa que corre no controlador ATMEGA168 é optimizado para ser pequeno ( ) e eficiente ao mesmo tempo, tendo em conta o compromisso entre a limitação da memória e o número de funções que o agente tem de executar. O código carregado no ATMEGA da bicicleta de brinquedo executa essencialmente duas funções: ler os dados do potenciómetro a partir do movimento da direção e codificar esse movimento em termos de dados de sinais de rádio. Utilizei o espaço do alfabeto "a-z" para codificar a maior parte dos dados específicos do sinal de rádio. Assim, quando a direção está posicionada no centro, é comunicado um "c" ao agente negro, bem como um "l" para esquerda e assim sucessivamente para esquerda-média, direita-média e direita. O controlador da bicicleta também detecta a aceleração em termos de rotações por minuto (rpm), traduzindo-a em valores numéricos para acelerar ou abrandar o movimento. Quanto ao código no interior dos controladores de agentes, foram utilizadas duas versões ligeiramente diferentes do mesmo código.

A primeira versão, que controla o agente preto, é minimalista, no sentido em que se limita a verificar periodicamente se há dados de série provenientes da bicicleta, utilizando a instrução [if Serial.available() is greater than 0], e depois descodifica os dados recebidos para enviar sinais de controlo para os motores de acionamento do agente e para o movimento de subida/descida do marcador. A segunda versão, que controla os outros agentes, é muito mais complicada porque exige que o comportamento dos agentes seja autónomo, uma vez que estes executam várias funções ao mesmo tempo. A primeira destas funções é o movimento principal de condução, a segunda é o rastreio e a prevenção de colisões utilizando os sensores de ping, o que é conseguido utilizando PingOut() que envia, recebe e analisa o impulso de ping onde um objeto é detectado se o número de polegares for superior ao limiar de polegares. Como parte da prevenção de colisões, a função PingAround() permite que o agente faça um scan da esquerda para a direita para determinar a direção mais clara a seguir. = == Em terceiro lugar, o código para o sensor IR tem a seguinte forma: l-black digitalRead(line-sensor-pin) e se l-black 0, a linha preta é detectada. Finalmente, o código que embeleza a linha preta é um código que possui um repertório para desenhar curvas básicas, dando instruções às rodas motrizes principais para se moverem em determinadas direcções durante um período de tempo aleatório. Este código assume atualmente a forma seguinte, com variáveis aleatórias aninhadas umas nas outras:

```
void embellish() [
turn = 0;
int one = random(60, 80); // Agent goes left for turn value from 0 to random
upper limit between 60 to 80
int two = random(one, 100); // Agent goes forward for turn value from 0 to
random upper limit between [variable one] to 100
int three = random(two, 140); // Use above logic for right
int four = random(three, 160); // Use above logic for back
marker-down(); // Position marker down to begin to draw
if (turn is-less-than-equal-to one) left(); // Left movement data to main drives
turn++; // Increment turn value for next iteration ]
```

REALIZAÇÃO FÍSICA DO AGENTE CRIADOR

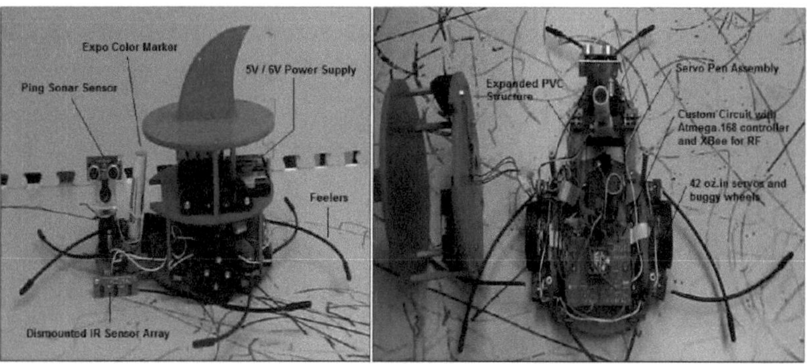

Figura 5.9: O agente criativo

5.4.2 PREÇO DO BRINQUEDO FISCHER MODIFICADO

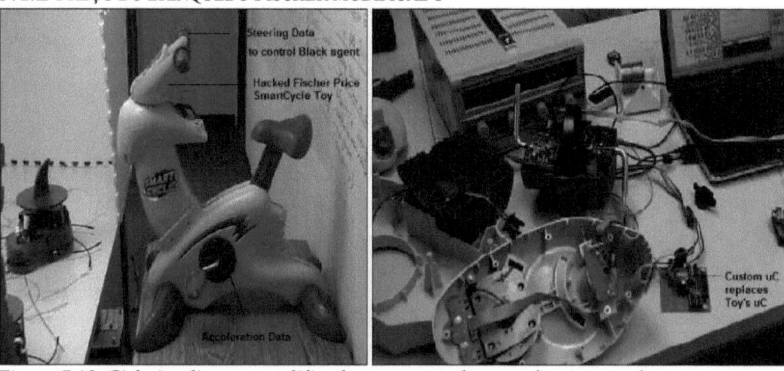

Figura 5.10: Ciclo inteligente modificado para entradas sem fios integradas

Para proporcionar uma forma divertida de a criança entrar no sistema sem fios, o sistema de aprendizagem física Smart Cycle da Fischer Price foi desmontado e modificado, substituindo as ligações proprietárias com fios do microcontrolador à TV pelo meu próprio circuito personalizado de microcontrolador sem fios. Para isso, todas as ligações de entrada e saída do microcontrolador foram pesquisadas e sujeitas a engenharia inversa para ativar por radiofrequência os dados de direção do potenciómetro e os dados de aceleração dos pedais do brinquedo. Os dados de direção dizem ao agente criativo negro para se mover em diferentes direcções, enquanto os dados de aceleração controlam a velocidade do agente através do espaço de desenho. Um dos botões da pega da bicicleta é utilizado para controlar o movimento do marcador do agente nas direcções para cima e para baixo. O outro botão foi bem utilizado para enviar dados de aceleração inversa, devido à insensibilidade do sensor de infravermelhos do brinquedo para codificar a aceleração do pedal em função da direção. = Além disso, como a fonte de alimentação que faz funcionar o brinquedo é de 4 X 1,5V (Pilha D) 6V enquanto o ATMEGA168 funciona a 5V, foi necessário utilizar um regulador de 5V para baixar a tensão.

5.5 RELATO SUBJETIVO DO DESENVOLVIMENTO DO PROJETO

Em termos de experiência pessoal de desenvolvimento de projectos, considero que este projeto foi um dos empreendimentos de aprendizagem mais bem sucedidos e surpreendentes que realizei na minha carreira académica até à data. Não me lembro exatamente como concebi a ideia para este projeto. O que me lembro, no entanto, é de duas coisas: a primeira é que recebi um grande apoio pessoal e um embelezamento por parte dos membros da minha comissão; a segunda é que este projeto foi imaginado, concebido, testado e demonstrado num espaço de tempo extremamente curto. A realização do projeto também não foi isenta de obstáculos e incertezas. De facto, tendo em conta o número de incógnitas envolvidas neste projeto, considero-me bastante afortunado por tê-lo concluído sob qualquer forma.

A primeira destas incógnitas era a realização técnica de uma bicicleta de brinquedo como forma incorporada de entrada no sistema. No caso do sistema de aprendizagem física Smart Cycle da Fischer Price, não sabia se o sistema podia ser modificado de qualquer forma ou feitio. Felizmente, a montagem do brinquedo foi simples. Um conjunto de parafusos para montar e desmontar a bicicleta ao longo da sua secção transversal foi a chave para modificar a bicicleta. Mas esse foi apenas o primeiro passo. O segundo passo foi inverter todas as ligações que entravam e saíam do circuito do microcontrolador do brinquedo e combiná-las com o meu circuito personalizado. Foi um momento assustador ver qual era o mecanismo que dirigia a bicicleta - era um simples potenciómetro. Foi mais do que um momento de ansiedade ver qual era o mecanismo para obter dados sobre a aceleração do pedal - era um simples sensor de infravermelhos que codificava as rotações. Fiquei tão espantado e entusiasmado com este conhecimento que, a partir daí, trabalhei durante 18 horas seguidas para acabar de integrar a bicicleta com o meu microcontrolador. O risco tinha valido a pena, tinha poupado tempo precioso e tinha um input incorporado pronto a ser demonstrado ao sistema.

No entanto, sabia que tinha de continuar a trabalhar e não abrandar, porque esta era apenas a primeira parte do projeto. Ainda tinha de começar a trabalhar na construção dos meus quatro agentes criativos. No entanto, antes de começar a trabalhar neles, aprendi algumas lições do meu projeto anterior. As construções robóticas requerem hardware e tempo de construção, mas também inteligência de software. O primeiro requer uma combinação de construção personalizada a partir do zero e a encomenda de peças específicas a fornecedores específicos que têm os seus próprios tempos de processamento e envio. A segunda exige muita paciência e negociação com o computador em caso de problemas, avarias, fontes de alimentação, etc. Além disso, há sempre o caso de ficar preso num ciclo de depuração em que não se sabe que parte do código correu mal.

Em termos de material para o meu projeto, decidi utilizar PVC expandido (também conhecido como PVC rígido ou PVC espuma). A principal vantagem deste material é que tem algumas caraterísticas interessantes: é forte, resistente, mas fácil de cortar e furar, não condutor e esteticamente muito atrativo. No entanto, a sua principal desvantagem (que eu não tinha previsto de todo) é o facto de estar disponível em quantidades muito limitadas e em outras cores para além do preto, branco, cinzento, amarelo e azul. Como tinha codificado os meus agentes em vermelho, verde, azul e preto, as cores primárias que faltavam na minha coleção de PVC eram o vermelho e o verde e precisava destas cores para manter a estética do meu projeto consistente (algo que percebi ser tão importante como o funcionamento do projeto). Telefonei a vários vendedores de PVC sem sucesso, finalmente na 16ª tentativa consegui pedir pessoalmente a um vendedor que me enviasse estas cores o mais rapidamente possível e a minha estética estava agora completa.

No entanto, não era apenas a bicicleta e a estética que me preocupavam. Surgiram vários problemas durante a construção da eletrónica e da estrutura do agente. No que diz respeito à eletrónica, o problema recorrente era testar o desempenho do agente no espaço físico, utilizando baterias recarregáveis a bordo. Uma vez que o consumo da bateria dependia principalmente da forma como eu tinha escrito o código para utilizar eficientemente o ping, os sensores IR e os servos que consomem muita energia, houve várias ocasiões em que tive de sincronizar os tempos de recarga da bateria com a reconstrução e os testes do código. Além disso, embora tenha confiado no método sem fios rápido para descarregar o código para os agentes, houve muitas ocasiões em que o TX / RX na interface controlador-Xbee simplesmente parou. Uma parte do código era então descarregada para os agentes e eu não conseguia enviar-lhes o comando para reiniciar os transístores. Neste caso, tive de desmontar os agentes na ponte inferior, retirar o microcontrolador, reprogramá-lo em série, reintegrá-lo no circuito e reiniciar o descarregamento sem fios.

Em termos da estrutura do agente, penso que houve duas questões que me preocuparam. A primeira era a necessidade de minimizar o espaço ocupado pelo agente no espaço de desenho. Como eu tinha um espaço de 6ft X 6ft, tinha calculado aproximadamente um diâmetro de base de não mais de 7 polegadas. Nessas 7 polegadas tinha de encaixar dois servos de acionamento, um marcador "centrado" (no qual se encontrava o parafuso que apertava uma das duas almofadas que permitiam que o agente fosse suportado por duas rodas), o circuito do microcontrolador, os apalpadores - cuja disposição exigiu alguma otimização. Uma das decisões fundamentais foi a adição do sensor Ping e do seu suporte de montagem, para os quais não tinha mais espaço na ponte de base. Por isso, cortei um pedaço de PVC expandido para aumentar o comprimento da ponte de base, o problema era saber se o peso do servo frontal e do sensor ping seria suportado adequadamente por esta pequena peça que já ultrapassava as 7 polegadas necessárias para o projeto. Felizmente, esta acabou por ser a melhor decisão que tomei, uma vez que, nos testes reais, o desempenho apenas com as sondas teria sido satisfatório. As colisões frequentes seriam tão perturbadoras que os agentes estariam mais ocupados a negociar conflitos do que a fazer trabalho criativo. A adição do conjunto de sensores ping que permite aos agentes manterem uma distância de 15 cm entre si foi, portanto, crucial. O segundo problema com a estrutura do agente era o facto de o centro de gravidade do agente ser proporcional ao número de pisos instalados. Receava que o agente tombasse se carregasse o segundo andar com baterias e depois o terceiro andar com a igualmente importante barbatana de tubarão, que dava ao agente um sentido de direção. Felizmente, o peso combinado dos servos foi bem distribuído e os meus agentes ficaram bem equilibrados e prontos para o seu ato criativo.

Uau! .... Há muitos problemas ao longo do caminho que nos põem à prova até ao limite. Mas estes problemas, e as soluções únicas que descobrimos para os resolver, são, em última análise, o objetivo de uma experiência de aprendizagem. Muitas vezes, aconteceram coisas importantes de que não nos lembramos quando documentamos as nossas experiências. Assim, no meu caso, a descrição subjectiva acima é apenas um subconjunto das muitas coisas que eu próprio fiz, tentei, falhei e fui bem sucedido, que aconteceram durante o meu tempo na ACE. Foi uma experiência de aprendizagem tão maravilhosa que uma forma simbólica de documentar estas experiências parece de facto vicariante!

Sinto uma enorme satisfação com a conclusão desta tese e deste projeto e agradeço a todos os membros da minha comissão pelos seus contributos pessoais. Apesar de ter falhado demasiadas vezes, todos esses fracassos foram essenciais para a minha experiência de aprendizagem. O que importava era o processo e não o resultado final. Este processo ensinou-me lições e competências importantes e encaro o futuro com um profundo sentimento de gratidão e um estado de espírito positivo. Agradeço mais uma vez ao meu comité e a todos os que apoiaram o meu trabalho.

BIBLIOGRAFIA

1. G. Adams e S. Engelmann. Research on Diret Instruction: 25 Years beyond DISTAR. 1996.

2. J. Anderson. *Rules of the Mind.* Lawrence Erlbaum Associates, 1993.

3. G. Anglin. Instructional Technology: Past, Present, and Future [Tecnologia Instrucional: Passado, Presente e Futuro]. 1995.

4. A. Bednar, D. Cunningham, T. Duffy e J. Perry. Theory into practice: How do we link. *Constructivism and the technology of instruction,* páginas 17-34, 1992.

5. D. Bell. *The Coming of Post-Industrial Society: A Venture in Social Forecasting.* Basic Books, 1973.

6. M. Bickhard. *Cognition, Convention and Communication (Cognição, Convenção e Comunicação).* Praeger Publishers Inc, Estados Unidos, 1980.

7. A. Bork. *Personal computers for education.* Harper & Row Publishers, Inc. Nova Iorque, NY, EUA, 1985.

8. J. Bruner. *The Education Process.* Harvard University Press, 1960.

9. J. Bruner. The Act of Discovery Learning. *Harvard Educational Review,* 31:21-32, 1961.

10. M. Cambre e M. Hawkes. *Brinquedos, ferramentas e professores: The challenges of technology.* Rowman & Littlefield, 2004.

11. E. Cobb. *The Ecology of Imagination in Childhood [A Ecologia da Imaginação na Infância].* primavera.

12. L. Cuban. *Teachers and Machines: The Classroom Use of Technology Since 1920 [Professores e Máquinas: O Uso da Tecnologia na Sala de Aula desde 1920].* Teachers College Press, 1986.

13. R. Davis. The Changing Curriculum: Mathematics. 1967.

14. E. de Bono. Lateral thinking; creativity step by step. 1970.

15. J. Dewey. *Experiência e Educação.* Kappa Delta Pi, 1998.

16. B. Dodge. WebQuests: A Technique for Internet-Based Learning. *Distance Educator,* 1(2):10-13,1995.

17. T. Duffy e D. Cunningham. Constructivism: Implications for the design and delivery of instruction. *Handbook of research for educational communications and technology,* páginas 170-198, 1996.

18. T. Duffy e D. Jonassen. Constructivism and the Technology of Instruction: A Conversation [Construtivismo e tecnologia da instrução: uma conversa]. 1992.

19. A. Falbel. O computador como uma ferramenta de fácil utilização. *Harel, I. & Papert, S.*
20. *Constructionism. Norwood NJ Ablex Publishing Corp,* 1991.

21. M. Foucault e C. Gordon. *Power/Knowledge: Selected interviews and other writings, 1972- 1977.* Pantheon Books, 1980.

22. M. Foucault, L. Martin e H. Gutman. Tecnologias do eu.

23. I. Grosvenor, M. Lawn e K. Rousmaniere. Imaging Past Schooling: The Necessity for Montage. *Review of Education, Pedagogy, and Cultural Studies*, 22(1):71-85, 2000.

24. M. Hannafin. The case for grounded learning systems design: What the literature suggests about effective teaching, learning, and technology. *Educational Technology Research & Development,* 45(3):101-117,1997.

25. R. Herken. *The Universal Turing Machine: A Half-Century Investigation.* Springer,
26. 1 995.

27. S. Hodas. Technology Rejection and the Organizational Culture of Schools. *Computerization and Controversy: Value Conflicts and Social Choices,* 2:197-218,
28. 1 996.

29. D. Jonassen. Objetivismo versus construtivismo: Precisamos de um novo paradigma filosófico? *Educational Technology Research and Development,* 39(3):5-14,1991.

30. B. Joyce e E. Calhoun. The Conduct of Inquiry on Teaching: The Search for Models more Effective than Recitation. *A. Hargreaves et al,* páginas 1216-1241, 1998.

31. D. Kritt e I. Winegar. O DETERMINISMO TECNOLÓGICO E A AGÊNCIA HUMANA. *Education and Technology: Critical Perspectives, Possible Futures,* 2007.

32. G. Lakoff e M. Johnson. *Philosophy in the Flesh: The Embodied Mind and Its Challenge to Western Thought.* Basic Books, 1999.

33. R. Linn, E. Baker e D. Betebenner. Accountability Systems: Implications of Requirements of the No Child Left Behind Act of 2001 (Sistemas de responsabilização: implicações dos requisitos da lei No Child Left Behind de 2001). *Educational Researcher,* 31(6):3, 2002.

34. R. Mager. *Preparing Objectives for Programmed Instruction.* Fearon Publishers, 1962.

35. M. Mataric. f 5 Sensory-Motor Primitives as a Basis for imitation; Linking Perception to Action and Biology to Robotics. *Imitation in Animals and Artifacts,* 2002.

36. P. McKenna e B. Laycock. Constructivist or Instructivist: Pedagogical Concepts Practically Applied to a Computer Learning Environment.

37. M. McLuhan e Q. Fiore. The Medium Is the Massage (sic). *New Work: Bantam*

Books, 1967.

38. M. McNabb. *Computers in Education: Social, Political, and Historical Perspectives Robert Muffoletto e Nancy Nelson Knupfer, Editores,* volume 43. ASSOCIATION FOR EDUCATIONAL COMMUNICATIONS, 1995.

39. A. Meltzoff e M. Moore. Persons and representation: why infant imitation is important for theories of human development. *Imitation in Infancy,* páginas 9-35, 1999.

40. D. Olson e J. Bruner. Learning through experience and learning through the media. *Media and Symbols: Forms of Expression, Communication and Education,* páginas 125-150, 1974.

41. S. Papert. *Mindstorms: children, computers, and powerful ideas.* Basic Books, Inc. Nova Iorque, NY, EUA, 1980.

42. J. Piaget. *Play, dreams and imitation in childhood.* WW Norton & Company, 1951.

43. J. Piaget. Estruturalismo. 1970.

44. J. Piaget. *Educational science and child psychology.* Penguin Books, 1977.

45. J. Piaget, J. Tomlinson e A. Tomlinson. *The child's conception of the world.* Routledge & Kegan Paul, 1929.

46. S. Pressey. A machine for automatic teaching of drill material. *School and Society,* 25(645):549-552, 1927.

47. D. Reimann, T. Winkler, M. Herczeg e I. Hdpel. Explorando o computador como um meio moldável através da conceção de artefactos para ambientes de realidade mista em processos educativos interdisciplinares. 2003.

48. M. Resnick. Computer as Paintbrush: Technology, Play and the Creative Society. = *Play Learning: How play motivates and enhances childrens cognitive and social-emotional growth,* páginas 150-170, 2006.

49. M. Resnick. Semeando as sementes de uma sociedade mais criativa. *Learning & Leading with Technology,* página 5, 2008.

50. G. Rizzolatti e L. Craighero. The Mirror-Neuron System. *Annual Review of Neuroscience,* 27(1):169-192, 2004.

51. J. Rousseau. *Emile: Traduzido por Barbara Foxley.* Dent, 1911.

52. B. SKINNER. MÁQUINA DE ENSINO, 12 de agosto de 1958. Patente americana 2,846,779.

53. B. Skinner. Why we need teaching machines. *Harvard Educational Review,* 31(4):377-398,1961.

54. B. Skinner. The Science of Learning and the Art of Teaching. *Classic Writings on Instructional Technology,* 1996.

55. K. Spencer e K. Spencer. *The psychology of educational technology and instructional media.* Routledge, 1988.

56. P. Suppes. Computer Technology and the Future of Education" [Tecnologia informática e o futuro da educação]. *Phi Delta Kappan,* 49(8):420-423,1968.

57. E. Thelen, G. Schoner, C. Scheier e L. Smith. A dinâmica da incorporação: A field theory of infant perseverative reaching. *Behavioral and Brain Sciences,* 24(01):1-34, 2001.

58. E. Thorndike. *Princípios do ensino.* AG Seiler, 1917.

59. F. Varela. *Embodied mind: cognitive science and human experience (Mente incorporada: ciência cognitiva e experiência humana).* MITP.

60. F. Varela, E. Thompson e E. Rosch. *The embodied mind.* MIT Press Cambridge, Massachusetts, 1991.

61. G. Vico e G. Visconti. *On Humanist Education.* Cornell University Press.

62. D. Wood, J. Underwood e P. Avis. Integrated learning systems in the classroom. *Computadores e Educação,* 33(2-3):91-108,1999.

Printed by Books on Demand GmbH, Norderstedt / Germany